Dirk Rohde
Oliver Strüber

Straßen Plätze Stadtleben

Straßenszenerien für Ihre Anlage

GeraMond

Inhalt

Vorwort

Städtisches Straßengeschehen bringt Leben auf die Modellbahn – ganz gleich, wie groß die Anlage ist, welche Epoche oder Spurweite man wählt. Möglichkeiten zur Szenengestaltung gibt es viele. Das Rezept für guten Modellbau lautet: Bauen Sie das Vorbild nach! Viele bis ins kleinste Detail durchgestaltete Anlagen beherzigen diesen Ratschlag. Zusätzlich ergeben erquickende aus dem Leben gegriffene Szenen ein in sich geschlossenes, faszinierendes Gesamtbild einer Modellbahnanlage. Angefangen von den Autos, Zweirädern oder Straßenbahnen über Figuren und Ausgestaltungsteile bis hin zur Werbung – vieles ist möglich. Ideen und Anregungen zur Ausgestaltung einer Anlage lassen sich schnell finden wenn man offenen Augen durch seine Umgebung streift.
Als Aufmunterung und zur eigenen Ideenfindung sollen auch die vielen Szenenfotos dieses Buches beitragen.

Eins
Stadtstraßen im Bau

So unterschiedlich wie das Gepräge einer Stadt, so verschiedenartig ist auch das Netz der Straßen, die durch sie hindurchführen. Enge Gassen oder breite Prachtalleen, Einkaufsstraßen oder vielbefahrene Ausfallstraßen – die Bandbreite ist groß, zum Teil auch regional verschieden.

An diesen Grundzügen des Vorbildes sollte sich auch die Gestaltung der Stadtstraßen auf der Modellbahn orientieren. Das Straßenbild einer weitgehend kriegszerstörten und nach damaligen Gesichtspunkten wiederaufgebauten Stadt mit ihren raumplanerischen Konzeptionen hinterlässt dabei einen anderen Eindruck als ein über Jahrhunderte gewachsenes mittelalterliches Städtchen mit seinen alten Häusern und schmalen Gassen mit Kopfsteinpflasterung.

Busfahrer helfen gerne Fahrgästen beim Einsteigen über holpriges Pflaster hinweg

Stein für Stein

Die Straßen der Städte bestanden mindestens bis zur Mitte des letzten Jahrhunderts aus behauenen Natursteinen. Diese stammten zumeist aus der näheren Umgebung, um die Transportwege vom Steinbruch zu den Baustellen möglichst kurz zu halten. Verwendetet wurden hauptsächlich Materialien wie Granit und Basalt, aber auch Steine aus Abfallprodukten wie zum Beispiel Schlacken aus der Eisen- und Stahlindustrie. In Steigungen wurden die Pflastersteine häufig im Verbund mit anders behauenen Anfangssteinen schräg zur Fahrtrichtung verlegt (siehe Zeichnung Seite 16). Auf diesem stabilen Fahrweg waren die Transporteure mit ihren Pferdegespannen und benzinbetriebenen Kraftdroschken in der Lage, rasch auch schwere Lasten zu bewältigen.

Heute findet sich Kopfsteinpflaster hauptsächlich noch in restaurierten historischen Stadtkernen, aber auch in weniger frequentierten Nebenstraßen. In modernen Fußgängerzonen wurde dieses Material dagegen durch eine Pflasterung aus Betonformsteinen in den verschiedensten Formen und Farben ersetzt.

Für den Modellbau von Kopfsteinpflasterstraßen bieten die Zubehörhersteller entweder Meter- oder Plattenware als

Morgendliche Betriebsamkeit auf der Hauptstraße einer Kleinstadt

Nach dem Anzeichnen der Kurvenabschnitte werden zuerst das Rinnsteinpflaster mit Kontaktkleber positioniert.

selbstklebende Folie, farbigen Präge- oder Fotokarton oder geschäumtes Polystyrol. Eine Alternative sind im Spritzgussverfahren hergestellte Polystyrolplatten, die man dem gewünschten Straßenverlauf entsprechend zuschneiden kann. Bei einigen Produkten sind Rinnsteine und Gullys bereits mit angedeutet.

Will man jedoch auf seiner Modellbahnanlage vorbildgetreue Stadtstraßen mit korrektem Fugenverlauf und im Planum verlegten Straßenbahnschienen realisieren, bleibt nur der Selbstbau.

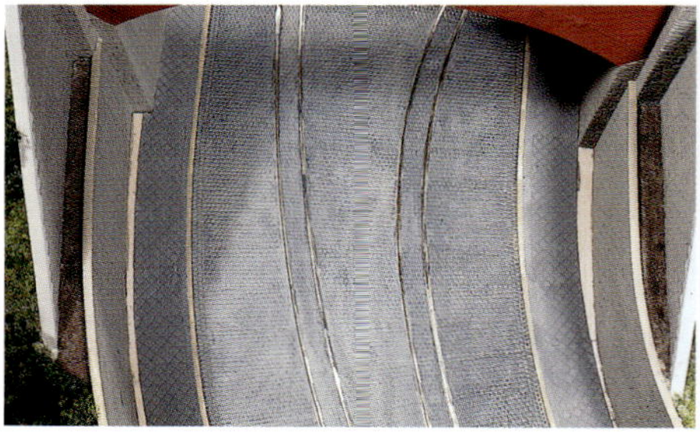

Damit sich Rinnsteine auch engen Radien anpassen, werden einzelne Streifen Stein für Stein in den Fugen eingeschnitten. Nach dem Verkleben der übrigen Pflasterplättchen wird eine zunächst graue Grundfarbe aufgetragen. Für ein realistisches Aussehen werden anschließend die Fugen der Straße mit hellen Farben hervorgehoben

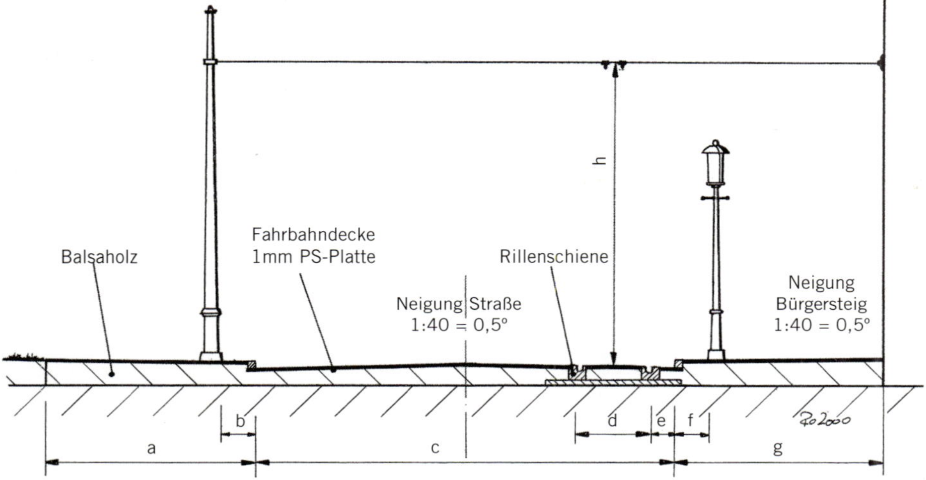

Querschnitt einer schmalen Stadtstraße mit eingleisiger Straßenbahntrasse

Als Untergrund eignet sich Sperrholz. Zum Ausgleichen der Differenz zu den Rillenschienen der Straßenbahn nimmt man am besten Balsaholz in der passenden Stärke, das möglichst unter Druck mit wasserfestem Holzleim verklebt wird.

Bei der Pflasterung mit Kopfsteinpflasterplatten aus Polystyrol beginnt man mit den in Längsrichtung verlaufenden Rinnsteinen. In diese werden in regelmäßigen Abständen Regenwassergullys, beispielsweise von Weinert, eingelassen.

Kann man die Platten bei geradem Straßenverlauf noch großflächig verlegen, so sollten in Kurven Abschnitte aus verschieden breiten Streifen gefertigt werden. Sie werden mithilfe eines Kontaktklebers auf den Untergrund geklebt. Eventuelle Spalten können mit Nitrospachtel verfüllt und die Fugen nachgraviert werden. Auch die

Maße für schmale Stadtstraßen (in mm)

Angabe	H0	TT	N	Z
a	46	33,4	25	18
b	7,5	5,4	4	2,9
c	92	66,7	50	36,2
d	16,5	12	9	6,5
e	5	3,6	2,7	2
f	7,5	5,4	4,1	3
g	46	33,5	25	18,2
h	68	49,3	37	26,9

Kanaldeckel in der Straßenmitte sollten nicht vergessen werden. Die farbliche Nachbehandlung geschieht anschließend mit grauen und braunen Kunstharz- oder Pulverfarben.

Alternativ kann man auch auf *Klaus Spörles* Straßen aus Gips zurückgreifen,

Kopfsteinpflaster (Auswahl)

Hersteller	Programm	Material	Baugröße
Auhagen	Kopfsteinpflaster	farbiger Prägekarton	H0, TT
	Betonverbundpflaster (Knochenform)	PS-Platte	H0
Beka	Fahrbahnteile zum Einpflastern von Schienen	PS-Platte	H0
Besig	Kopfsteinpflaster, verschiedenfarbig	geprägte PS-Schaumplatte	1
Brawa	Kopfsteinpflaster	PS-Platte	H0
	Betonverbundpflaster (Knochenform)	PS-Platte	H0
Busch	Kopfsteinpflaster	selbstklebende Folie	H0, N
	Betonverbundpflaster (Knochenform)	farbiger Prägekarton	H0
	Betonverbundpflaster (knochenform)	selbstklebende Folie	H0
ER-Decor	Kopfsteinpflaster, Kreuzungsteile	flexibles Resin	H0
	auch mit Strassenbahntrasse in die Schienenprofile einzuziehen sind	flexibles Resin	H0
Faller	Kopfsteinpflaster mit Rinnstein	farbiger Prägekarton	H0
	Kopfsteinpflaster mit Rinnstein	selbstklebende Folie	H0, N
	Kopfsteinpflaster	geschäumte PS-Platte	H0, N
	Betonverbundpflaster (S-Form)	farbiger Prägekarton	H0
Heico-Modell	Kopfsteinpflaster mit Randstein	Fotokarton	H0
Heki	Kopfsteinpflaster	selbstklebende Folie, flexibel	H0, N
	Betonverbundpflaster (Knochenform)	selbstklebende Folie, flexibel	H0, N
Kibri	Kopfsteinpflaster	PS-Platte	H0
	auch mit Gleiskörper für Regelspur	PS-Platte	H0
Marks	Kopfsteinpflaster	Fotokarton	N
Noch	Altstadtpflaster, Kopfsteinpflaster mit Gullis	Selbstklebende Krepp-Rollen	H0, TT, N, Z
	Kopfsteinpflaster, Betonformstein (S-Form) sowie Kreuzungs-, Kurvenfertigteile	Merkur–Styroplast	H0
	Betonverbundpflaster (S-Form)	PS-Platte	1:50, 1:100
Pola	Kopfsteinpflaster	geschäumte PS-Platte	2
Werkstatt Spörle	Gewölbtes Kopfsteinpflaster, gerade und gebogen, mit verschiedenen Radien sowie Kreuzungsteile und Hofeinfahrten. Extrateile mit Kanaldeckel und Gullis	Silikon–Kautschukformen für Werkstoffe wie Gips und Porcellin	H0
Vollmer	Straßenpflaster nach Granitvorbild	Folie auf Rolle	H0
	Kopfsteinpflaster	farbiger Prägekarton	H0, N
	Betonverbundpflaster (Knochenform)	farbiger Prägekarton	H0
Woytnik	Kopfsteinpflaster im Verbund; Kopfsteinpflaster mit Rinnstein; Zusätzlich Mittelstreifen für die Verlegung von Straßenbahngleisen.	Prägeroller für Modelliermassen	H0

dies gilt vor allem dann, wenn man rationell große Flächen pflastern möchte. Die einzelnen Straßenteile entstehen aus Silikonformen. Ein Straßenformsatz enthält sowohl gerade Stücke wie auch Kurven- und Kreuzungsteile, deren Fahrbahndecke entsprechend dem Vorbild leicht gewölbt ist. Da Kurvenradien und Straßenbreiten festgelegt sind, ist ein individueller Straßenbau allerdings nur mit einigem Aufwand möglich.

Zum Gießen benötigt man eine Schüssel mit durch Spülmittel entspanntem Wasser, einen Gummitopf zum Anrühren der Gipsmasse, einen Löffel zum Füllen der Formen und ein kurzes Lineal zum Abstreifen der überflüssigen Gießmasse von der Form.

Die Gipsstraßen brauchen einen festen, ebenen Untergrund. Muss gestückelt werden, hilft eine *Roco*-Säge beim Ablängen der Teile. Das Verkleben erfolgt am besten mit Weißleimen wie *Ponal* oder *Uhu Coll*. Zum Einfärben der Oberflächen eignen

! Verschiedene Materialien haben unterschiedliche Anwendungstechniken, aber gleiche Endresultate.

sich vor allem die wasserlöslichen Acrylfarben von *Schminke* oder *Lukas*. Bei ihnen bleibt die Steinstruktur auch nach mehreren dünnen Anstrichen erhalten. Leichte Schattierungen erzielt man kurz vor dem Austrocknen der grauen Grundfarbe durch das zarte Auftupfen von Rotbraun und Gelb.

Mit Gipsstraßenteilen lassen sich rationell ganze Straßenzüge auf einer Modellbahnanlage verwirklichen. Selbst sanfte Übergänge zu Steigungen sind damit realisierbar

In das Straßenplanum eingelassene Schienen erfordern sehr passgenaues Arbeiten

Für die angebotenen Pflasterstraßen aus Resin gilt ähnliches. Auch sie müssen dem gewählten Straßenverlauf angepasst und nach dem Verkleben mit einem Kontaktkleber sowie Verspachteln der Stoßfugen mit Kunstharzfarben lackiert werden.

Kanal- und Gullideckel (Auswahl)

Hersteller	Programm	Material	Baugröße
Besig	Gullideckel	PS	1
Haberl&Partner	Kanaldeckel	Ms-Ä	H0
Halwa	Kanal- und Gullideckel	Ms-Ä	H0, TT
Heki	Kanal- und Gullideckel	Ms-Ä	H0
Marks	Kanaldeckel	Wm-G	N
Saalbach	Gullideckel	Zn-G	1
Tillig	Kanal- und Gullideckel	Ms-Ä	H0
Weinert	Kanal- und Gullideckel	MS-Ä	H0
Woytnik	Kanaldeckel	Ms-Ä	H0

Geteert und Betoniert

Im Laufe der Zeit verdrängten bei Straßenneubauten Teer- und Betonbeläge schon aufgrund einfacherer Handhabung und zunehmender Mechanisierung bei der Verarbeitung die Straßen mit Kopfsteinpflaster. Vielfach wurden die alten Straßen aber auch ganz einfach mit einem Asphaltüberzug zugeteert.

Mit der weiteren Zunahme des Straßenverkehrs begann die Suche nach einem Straßenbelag, der den gewachsenen Ansprüchen an Fahrkomfort und Geräuschminderung sowie höheren Transportgewichten gerecht würde. Ein Belag aus Asphalt, vermischt mit Gesteinssplitt oder Beton entsprach am ehesten den gestellten Anforderungen.

> **! Jede Epoche hat ihre ganz spezifischen Merkmale, die auf jeden Fall bei einer Anlagengestaltung zu berücksichtigen sind.**

Beim Teerstraßenbau wird der Belag auf eine Tragschicht aus Schotter und Splitt aufgebracht und mittels schweren Walzen Schicht für Schicht verfestigt. Das geschieht bei kleineren Flächen mithilfe von Holz- oder Gummischiebern, bei großflächigen Arbeiten werden dagegen maschinelle Straßenfertiger verwendet. Dieser Überzug findet Anwendung beim Bau von Straßen aller Art, sowie bei der Erstellung von Rad- und Gehwegen.

Asphaltierte Straßen und Wege ermöglichen ein komfortableres Fortkommen

Betonbeläge werden dagegen in einem Guss als Stampfbeton mit und ohne Stahleinlage maschinell hergestellt. Hierbei werden in gewissen Abständen Dehnungsfugen, die mit Bitumen vergosssen werden, eingebracht. Betonstraßen sind zumeist höchstbelastete Straßen wie Autobahnen oder Bundesstraßen.

Für den Bau von Asphalt- oder Betonstraßen der Epochen II bis V offerieren die einschlägigen Zubehörhersteller entweder selbstklebende Folien oder farbigen Karton als Meter- oder Plattenware, die man der Straßenlänge entsprechend zuschneidet. Dabei ist darauf zu achten, dass die Stoßkanten der einzelnen Abschnitte sehr genau aneinanderliegen, damit ein optisch gleichmäßiges Straßenbild entsteht. Die Selbstklebefolien lassen sich bedingt auch

Nach dem Ablängen der selbstklebenden Asphaltstrasse kann der Radweg auf beiden Starßenseiten angepasst werden

im Kurvenradius verlegen. Zudem sollte man das elastische Material nicht allzu stark überdehnen, da sich die aufgeklebte Fläche wieder zusammenziehen kann und unansehliche Spalten im Modellbelag dauerhaft sichtbar bleiben

Außerdem findet sich im Angebot eine farblich abgestimmte Dispersionsfarbe. Mit ihr lässt sich durch gleichmäßigen

> **! Die Gestaltung von Straßen unterliegt den Verkehrsbedingungen vor Ort und folgt dabei bautechnischen Regeln.**

Auftrag mittels eines breiten Flach- oder Malerpinsels auf einen festen, möglichst nicht allzu saugstarken Untergrund ein dem Vorbild entsprechendes und farblich richtiges Ergebnis erzielen.

Bei *Spörles* Gipsstraßen beinhaltet der entsprechende Formensatz auch eine

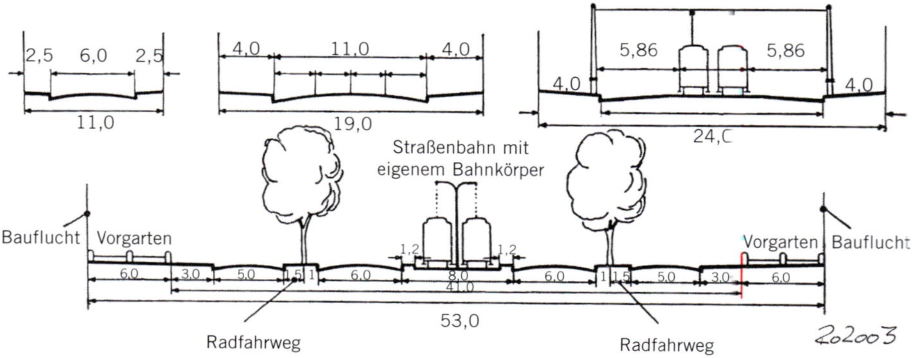

Querschnitte verschiedener Vorbild-Straßenbreiten (alle Maße in Metern)

Asphaltstraßen (Auswahl)

Hersteller	Programm	Material	Baugröße
Auhagen	asphaltierte Fläche	mattfarbiger Karton	H0, TT
Busch	Asphalt- und Betonstraße Straßenbau-Komplettset, verschiedene Straßenbreiten, Radwege	selbstklebende Folie	H0, N
Faller	Betonstraße, mit u. ohne Markierung	selbstklebende Folie	H0,N
	Asphaltstraße mit Bürgersteig Parkplatzstreifen	selbstklebende Folie	H0, N
	Asphaltstraße	Dispersionsfarbe	
Halwa	Asphaltstraße, Parkplatz	selbstklebende Folie	TT, Z
Heki	Asphalt- und Betonstraße, mit u. ohne Markierung, Parkplatzstreifen	selbstklebende Folie, flexibel	H0, N
	Asphalt- und Betonstraße	Dispersionsfarbe	
Noch	Asphalt- und Betonstraße, Radwege	selbstklebende Krepp-Rollen	H0, TT, N, Z
	Asphalt- und Betonstraße, Universalkurve	selbstklebende Folie	H0, TT, N
	Parkplatzstreifen und Kreuzung	selbstklebende Folie	H0
Werkstatt Spörle	Asphaltstraße, gerade und gebogen, mit verschiedenen Radien sowie Kreuzungsteile und Hofeinfahrten. Extrateile mit Kanaldeckel und Gullis	Silikon–Kautschukformen für Werkstoffe wie Gips und Porcellin	H0
Vollmer	Asphaltstraße mit u. ohne Markierung, Parkplatzstreifen	Folie auf Rolle	H0, N

Form, mit der man eine beschädigte Teerstraße mit Rissen und Flicken nachbilden kann. Bei der Verarbeitung der gegossenen Platten sind vor allem überstehende Kanten und zu große Fugen zu vermeiden. Kleinere Fugen durch überstehende Kanten lassen sich besser verschleifen als spachteln. Geringfügige Unebenheiten können mit Plattenübergreifenden „Teerflicken" aus feinem Sandpapier (ab 400er Körnung) oder mit sparsam aufgetragenen Spachtelflecken aus Gips oder Moltofil kaschiert werden. Geflickte Straßen wirken auf den Betrachter je nach Epoche und insbesondere im Zusammenspiel mit Kopfsteinpflaster oft realistischer als makellose. Für die Farbgebung gilt dasselbe wie bei den Pflasterstraßen, nur der Farbton sollte eher Anthrazit bis Schwarz sein. Frisch aufgebrachter Teer lässt sich am einfachsten mit etwas Anthrazitkohlenstaub versetztem glänzenden Klarlack realisieren. Zur Belebung sollte man dann aber auch eine Reparaturkolonne mit ihren Gerätschaften bei der Arbeit darstellen.

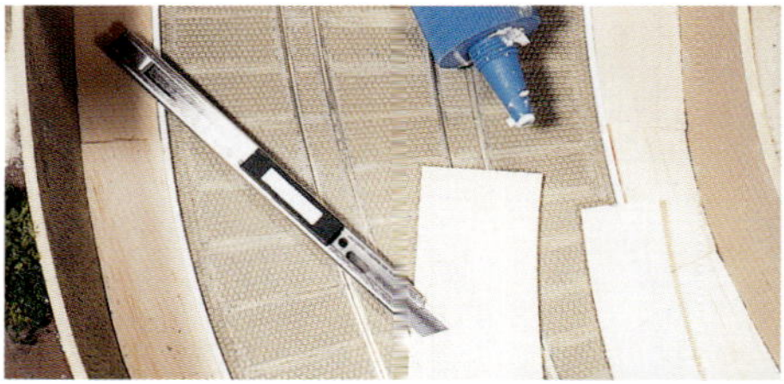

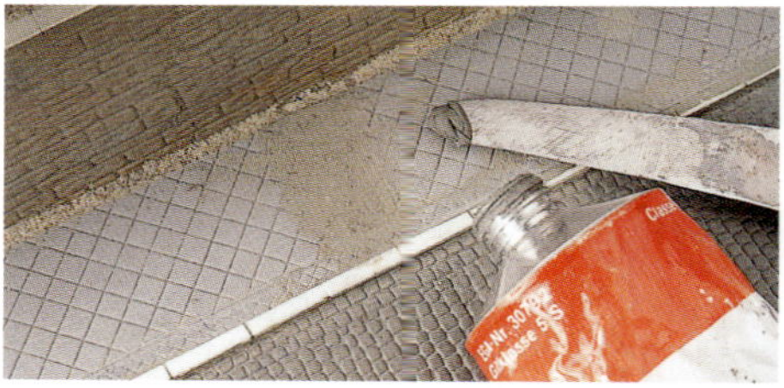

Links oben: Ein gut gestalteter Bürgersteig ist die perfekte Ergänzung zur Pflasterstraße. Oben: Nach dem Auffüttern mit Balsaholz können die Gehwegplaten aus Polystyrol verlegt und anschließend eventuelle Spalten verspachtelt werden

Wege für die Bürger

Für die Gestaltung von Bürgersteigen kamen je nach Epoche unterschiedliche Materialien zum Einsatz. Ende des 19. Jahrhunderts waren die Fußwege zwar schon durch Bordsteine von den Fahrwegen abgetrennt, doch bestanden sie insbesondere in den Außenbezirken der Städte immer noch aus festgestampftem Lehm oder Sand. In den Stadtzentren dagegen begann man, die Gehwege durchgehend zu pflastern. Erst bevorzugte man ein Mosaikpflaster aus Basalt oder Gneis, später – insbesondere in den Geschäftsvierteln der rasant wachsenden Großstädte – großformatige Sandstein- oder Granitplatten, das sogenannte „Berliner Pflaster".

Mit der Erfindung des Betonformgießverfahrens ließen sich erstmals rationell in

Gehwege (Auswahl)

Hersteller	Programm	Material	Baugrößen
Auhagen	Gehweg nach DDR Vorbild	PS-Platte	H0, TT
	Kleinpflaster	farbiger Prägekarton	H0, TT
	Kleinpflaster	PS-Platte	H0
Beka	Kleinpflaster	farbiger Prägekarton	H0
Besig	Kleinpflaster, verschiedene	geprägte PS-Schaumplatte	1
Brawa	Betonplatte Kleinpflaster	PS-Platte	H0
Busch	Beton- und Kleinpflaster	selbstklebende Folie	H0, N
	Gehwegplatten	farbiger Prägekarton	H0
	Gehwegplatten	geprägte PS-Schaumplatte	H0
ER-Decor	Plattengehwege auch für Kurven	flexibles Resin	H0
Faller	Betonpflaster	farbiger Prägekarton	H0
	Kleinpflaster	selbstklebende Folie	H0, N
		geschäumte PS-Platte	H0
	Gehwegplatten	PS-Platte	H0
Heki	Betonplatte	geschäumte PS-Platte	H0, N, Z
Kibri	Betonplatte	PS-Platte	H0, N
Noch	Betonplatte, Teer	Selbstklebende Krepp-Rollen	H0, TT, N
	Kleinpflaster, Betonpflaster	Merkur–Styroplast	H0
	Betonpflaster	PS-Platte	1:50, 1:100
Pola	Betonplatte	geschäumte PS-Platte	2
	Kleinpflaster	geschäumte PS-Platte	2
Werkstatt Spörle	Plattengehwege in Kurven Sandweg mit Bordstein	Silikon–Kautschukformen für Werkstoffe wie Gips und Porcellin	H0
Vollmer	Betonplatte Kleinpflaster	PS-Platte farbiger Prägekarton	H0
Woytnik	Granitplatten Kleinpflaster mit Einfassung Betonplatten	Prägeroller für Modelliermassen	H0

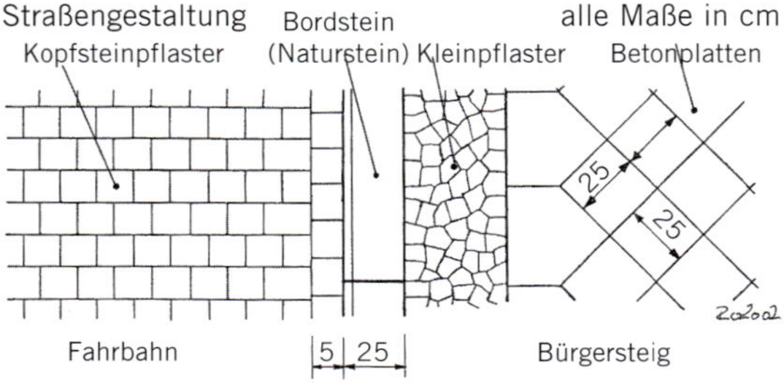

Ältere Kopfsteinpflasterstraße mit kleinflächigem Betonplattengehweg

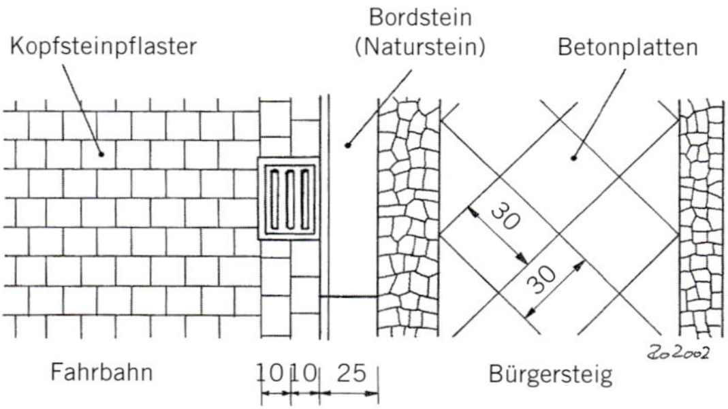

Standardgehweg mit Kleinpflaster und Betonplatten in der Epoche III

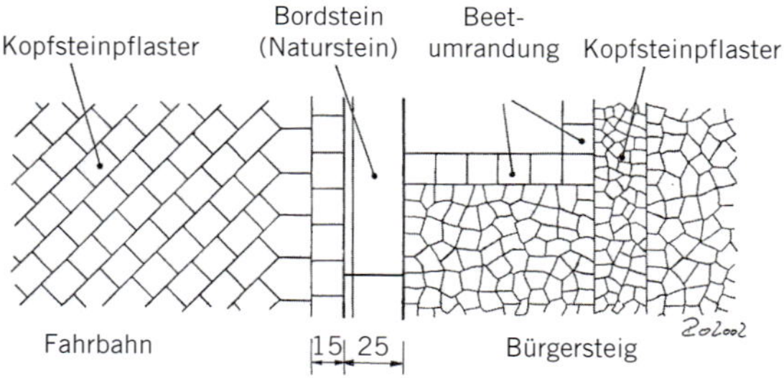

Bürgersteig mit Kleinplasterung und Beetumrandung für Straßenbäume

großen Stückzahlen normierte Platten für Bürgersteige, Wege und Plätze herstellen. Neben der zementfarbigen Standardversion gab es immer neue Varianten durch Einfärben, Oberflächenbehandlung oder das Aufbringen von Kieseln oder Splitten. Betonplatten unterlagen demnach häufig wechselnden Modeströmungen – man denke nur an die Waschbetonplatten der Siebziger Jahre. Heute bieten die vielfältigen Sortimente an Gehwegplatten und Pflastersteinen dem Landschaftsarchitekten große Möglichkeiten der Weg- und Platzgestaltung. Leider wird in den letzten Jahren auch bei Neuanlagen und Reparaturen von Bürgersteigen vermehrt auf Straßenteer zurückgegriffen.

Für die Gestaltung von Gehwegen auf der Modellbahnanlage gibt es bei den Zubehörherstellern vorgefertigte Elemente in Rollen- oder Plattenform. Bei einigen der Produkte sind die Bordsteine an den Gehwegplatten mit angeformt.

Um die Grundplatten von Hausbausätzen mit ihren Bürgersteigimitationen auf ein vorbildgerechtes Höhenniveau zu bringen, genügt es, diese mit einer Polystyrolplatte zu unterfüttern. Die fehlenden Bordsteinfugen werden anschließend mit einer Dreikantfeile nachgeritzt.

Bei einer dem individuellen Straßenverlauf folgenden epochegerechten Gehweggestaltung dagegen bleibt für die Realisierung nur der Selbstbau. Als Abgrenzung zur Straße dient dabei eine aus einem 2 auf 2 Millimeter starken Polystyrolstreifen hergestellte Bordsteinkante, die sich nach dem Erwärmen mit einem Haartrockner auch um enge Kurven oder Ausrundungen bei Straßeneinmündungen herumführen lässt. Nicht vergessen sollte man zudem die bei Tor- und Hofeinfahrten so typischen abgesenkten Bordsteine.

Für die Gestaltung der Gehwegflächen selbst genügen die handelsüblichen Kunststoffplatten aus Polystyrol. Die Differenz zwischen Platte und vorhandenem Untergrund kann am einfachsten mit dem leicht zu bearbeitenden Balsaholz in der entsprechenden Stärke ausgeglichen werden. Für eine vorbildgerechte Anordnung der Verlegemuster schneidet man die Platten in entsprechend breite Streifen. Bei der Verlegung in Kurven müssen diese wiederum in kleine Abschnitte unterteilt werden. Damit die Plättchen optimal aneinander stoßen, sind sie durch Befeilen oder zickzackförmiges Ausschneiden einander anzupassen.

Nach dem Verkleben der einzelnen Abschnitte mit einem Kontaktkleber aus der Tube (Pattex-Kompakt) mit dem Untergrund, sollte man die Übergänge mit Nitrospachtel ausgleichen und anschließend planschleifen. Zuletzt sind noch die Fugen mit einer Nadelfeile nachzuziehen. Um einen natürlichen Eindruck zu erhalten, sollte noch eine farbliche Behandlung der Flächen mit handelsüblichen Kunstharzlacken oder Pulverfarben erfolgen. Eventuelle Fugen zu Bauwerken oder Mauern lassen sich abschließend mit einer Mischung aus Vogelsand und Drainagematerial von *Asoa* verfüllen. Als Klebemittel kommt dabei die übliche Holzleim-Spülmittel-Mischung zum Einsatz.

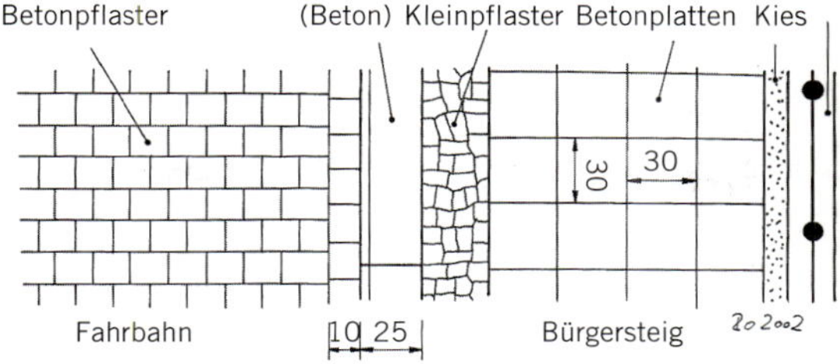

Gehweg mit in Reihe verlegten Betonplatten wie er heutzutage Standard ist

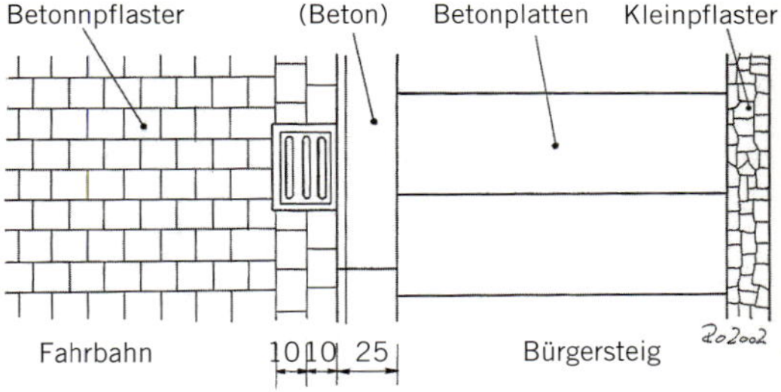

Bürgersteige mit großflächigen Betonplatten finden sich ausschließlich in den neuen Bundesländern

Die für eine noch vorbildgerechtere Gestaltung nötigen, in Bürgersteige eingelassenen Telefonschacht-, Gasabsperr- und Hydrantabdeckungen gibt bis jetzt leider nicht im Modell.

Sind Straßen und Bürgersteige auf diese Weise fertiggestellt kann es nun wie im richtigen Leben an deren Auflockerung mit Straßenmöbeln, Fahrzeugen und Passanten gehen. Zur Erzielung einer gelungenen Gesamtkomposition orientiert man sich bei der Aufsstellung am Besten am Vorbild.

Zwei

Möbel für die Stadt

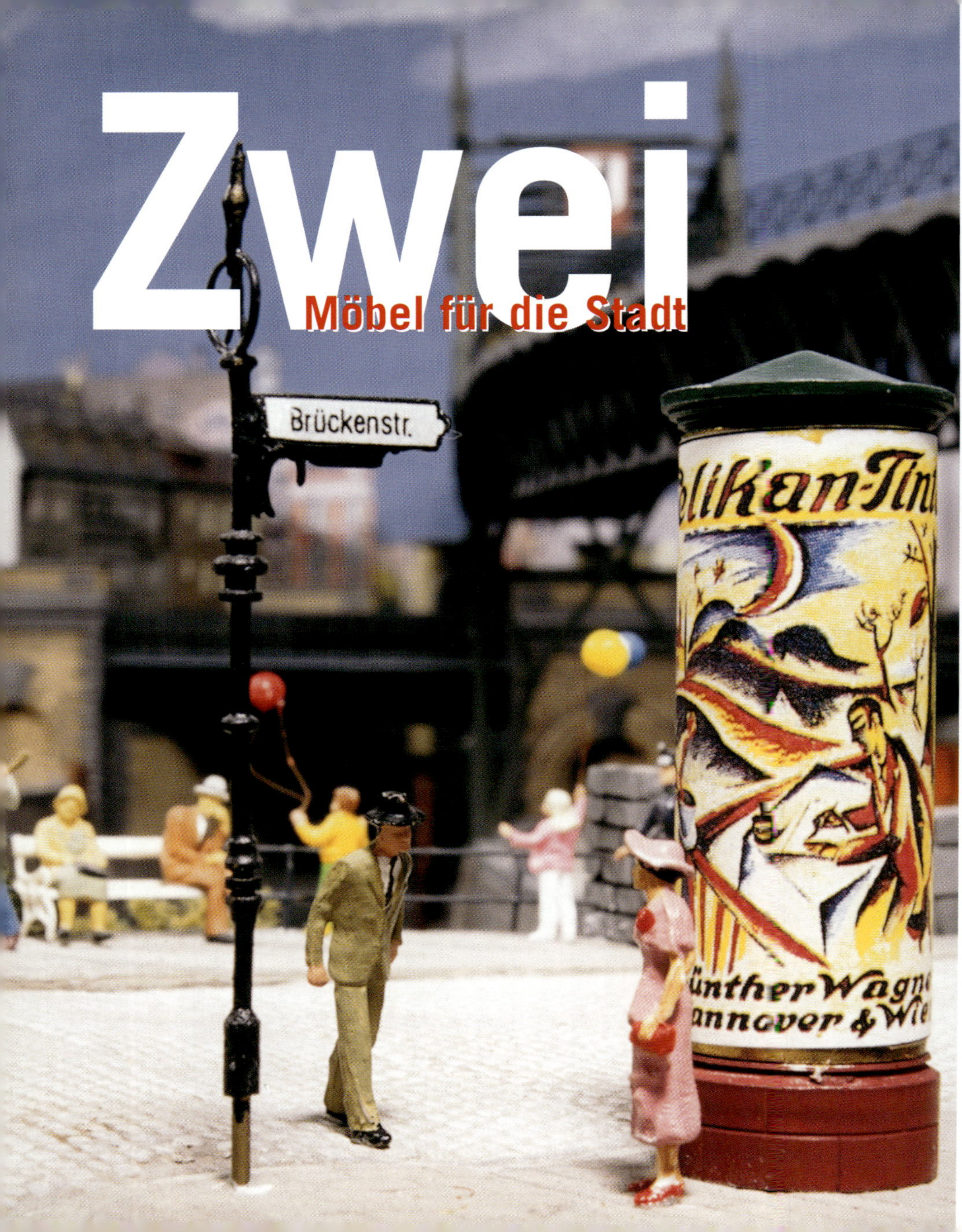

Neben den Fahrzeugen, Verkehrszeichen und Passanten prägen vor allem die so genannten „Straßenmöbel“ das Bild unserer Städte. Hierunter versteht man alle diejenigen Dinge des öffentlichen Lebens, die sich am Rand der Straße, auf den Bürgersteigen oder an den Hauswänden befinden und eine für die Allgemeinheit wichtige Aufgabe erfüllen.

Das fängt an bei Straßennamensschildern, führt über Laternen, Feuermelder, Notrufsäulen und Schaltkästen bis hin zu

> **! Straßenmöbel als Ausgestaltungsdetail sind von keiner Modellbahnanlage wegzudenken.**

Werbewänden und Litfaßsäulen. Auch Haltestellenhäuschen der öffentlichen Verkehrsmittel sowie Telefonzellen und selbst Zeitungs- und Blumenkioske zählt man normalerweise dazu.

Die Bandbreite an typischen Ausgestaltungsteilen für städtische Straßen und Plätze ist beinahe unüberschaubar; es gibt für nahezu jeden Geschmack und jede Anforderung das passende Accessoire – zumindest im weitverbreiteten H0-Maßstab. Für die kleineren Spurweiten TT, N und Z wird das Angebot schon spärlicher, häufig muss man hier auf die Angebote der diversen Klein- und Kleinstserienhersteller ausweichen, um überhaupt die gewünschten Dinge zu erhalten. Auch die Anhänger der Baugrößen 0, 1 und 2 werden noch manches vermissen, was die H0-Bahner längst in mehreren Varianten auf ihre Modellbahn stellen können.

Epochengerechte Straßenmöbel sorgen für Anlagenflair

Wie für alle anderen Anlagenausgestaltungsteile gilt – und gerade für die markanten, sofort ins Auge fallenden Straßenmöbel in besonderem Maße: Achten Sie auf die Epoche, die Sie darstellen möchten! Nichts wirkt deplatzierter und stört den Gesamteindruck mehr als ein offensichtlich nicht in die entsprechende Zeit passendes Detail. Im Zweifelsfall sollte man solch strittige Objekte also besser weglassen, zumal sich das Aussehen vieler Straßenmöbel innerhalb weniger Jahre grundlegend änderte. An einigen typischen Vorbildern soll dies beispielhaft aufgezeigt werden.

Telefonzellen

Bereits 1913 wurden die ersten öffentlichen Münzfernsprecher im großstädtischen Berlin aufgestellt. Ihre Verbreitung blieb aber zunächst sehr begrenzt. 1925 war ihre Stückzahl auf über 100 Exemplare angewachsen. Ab 1928 kam ein neuer, einheitlicher Typ des „Fernsprechhäuschens“ flächendeckend zur Aufstellung. Die ersten Telefonzellen waren damals noch blau lackiert, ab 1934 ging man zu rotem Lack über, bevor die Post nach dem Zweiten Weltkrieg auf ihre Stammfarbe Gelb setzte.

Ende der Siebziger Jahre kamen neben den normalen Telefonzellen freistehende

Epoche II in der Großstadt pur: Rote Telefonzelle und pferdebespannte Müllabfuhr

Rufsäulen ohne Häuschen auf. Mit dem Übergang des Fernsprechverkehrs auf die Deutsche Telekom wurde deren neues grau-weiß-magentafarbenes Erkennungszeichen auch auf die Telefonzellen übertragen. Die Umlackierung bzw. der Ersatz durch neue Telefonzellen mit rundlicheren Formen hält bis heute an, nur wenige öffentliche Fernsprecher tragen heutzutage noch ihr altes gelbes Kleid.

Das Angebot an epochegerechten Telefonzellen ist zumindest für den H0-Maßstab erfreulich groß. Schlechter hingegen sieht es bei den kleineren und größeren Spurweiten aus, doch auch hier kann man durchaus fündig werden, besonders die Kleinserienhersteller führen interessante Modelle in ihren Programmen.

Beleuchtbare Straßenmöbel erzeugen nächtliche Stimmungen

Briefkästen

Eine weitaus längere Tradition weisen die Briefkästen auf, 1823 wurden sie in Preußen und Berlin eingeführt. Zunächst in der Regel außen an Hauswänden angebracht oder ins Mauerwerk eingelassen, erhielten sie erst ab 1925 Verstärkung durch so genannte „Säulenbriefkästen", die einzeln auf dem Boden aufgestellt wurden. Analog zu den Telefonzellen wurden auch die Briefkästen entsprechend umlackiert. Nachdem sie bis weit in die Epoche IV hinein noch in nahezu jeder größeren Stadt zu finden waren, nahm ihre Zahl besonders in den letzten Jahren rapide ab.

Einzeln angebotene Briefkästen gibt es zumindest für die kleineren Maßstäbe kaum. Hier wird man jedoch oftmals in den umfangreichen Stadtausschmückungs-Sets beispielsweise von *Faller*, *Kibri* oder *Auhagen* fündig.

Polizei-Notrufsäulen sind eine typische Erscheinung der Epochen III und IV

Feuermelder und Notrufsäulen

Bereits gegen Ende des 19. Jahrhunderts gab es Feuermelder, mit denen man im Brand- oder Unglücksfalle die Feuerwehr verständigen konnte. Nachdem die ersten Exemplare noch im Innern öffentlicher Gebäude untergebracht waren, konnte 1886 der erste freistehende Straßenfeuertelegraph in Berlin-Kreuzberg aufgestellt werden, dem bald weitere Exemplare – nicht nur in Berlin – folgten. Die Blütezeit dieser wegen der erhöhten Signalwirkung stets rot lackierten Straßenmöbel datiert in die beiden Jahrzehnte vor dem Zweiten Weltkrieg, die Variantenvielfalt war recht groß. Nach 1945 wurde hier wieder angeknüpft. Die häufig mit Freisprecheinrichtungen versehenen Feuermelder wurden zunehmend kleiner. Größere Verbreitung hat besonders der an einem Betonmast befestigte Einheitsfeuermelder von 1962 gefunden. Doch mit der weiteren Verbreitung der privaten Telefonanschlüsse und erst recht in unserer heutigen Handy-Zeit ist die Feuerwehr-Notrufnummer 112 jedem geläufig. Dementsprechend zählen Feuermelder heute zu den absoluten Ausnahmen im Straßenbild.

H0-Bahner werden besonders im reichhaltigen *Woytnik*-Sortiment, aber auch bei *Weinert* fündig, während Anhänger kleinerer Baugrößen bislang mit Ausnahme des *D. Beier*-Sortiments in N noch immer leer ausgehen.

Ähnliches wie für die Feuermelder gilt auch für die Polizei-Notrufsäulen. Sie wurden inzwischen zum größten Teil wieder abgebaut.

Die damals so typischen hellgrünen Notrufsäulen mit gelbem Warnlicht führt *Brawa* im Programm.

Werbe- und Anschlagsäulen

Im Mai 1854 schlossen der damalige Berliner Polizeipräsident Karl von Hinckeldey, der auch für die Straßen, Plätze und Brücken Berlins zuständig war, und der Buchdrucker Ernst Litfaß einen Vertrag über die Errichtung und Nutzung von Säulen, Brunnen und Bedürfnisanstalten zu Werbezwecken. Bereits sehr frühzeitig hatte letzterer die Bedeutung von Reklame erkannt und für sich ausgenutzt. Ein Jahr später wurden zum gleichen Zweck auch

> **! Stadtgestaltung im Kleinen ist die Umsetzung des alltäglichen Geschehens beim Vorbild.**

die ersten 100 runden Anschlagsäulen errichtet, an denen öffentliche Bekanntmachungen sowie Hinweise auf Veranstaltungen befestigt werden konnten. Die bevorzugt an stark frequentierten Straßenecken und Plätzen aufgestellten Säulen stießen zunächst oft auf Ablehnung, auch beim Magistrat, selbst Prozesse wurden um sie geführt, da sie angeblich das Stadtbild

Vor öffentlichen Gebäuden wie Bahnhöfen sind Fahrradständer häufig anzutreffen

bzw. die Würde in der Nähe gelegener Sakralbauten störten. Nachdem diese jedoch keinen Erfolg hatten, wurde der Vertrag mit Litfaß sogar bis 1880 verlängert.

Nach ihrem Erfinder nannte man diese neuen Straßenmöbel sehr bald Litfaßsäulen. Ab 1868 mussten an ihrem oberen Ende Hinweise auf die nächstgelegenen öffentlichen Einrichtungen wie Polizeirevier, Feuerwache oder die nächste Poststelle angebracht werden. Einige Zeit später wanderte dieser Streifen in den unteren Bereich der Säule.

Ein neues Gesetz änderte die Zuständigkeitsverhältnisse, die nun beim Berliner Magistrat lagen. Im allgemeinen Interesse fühlte sich dieser nun verpflichtet, die Errichtung und Nutzung von Anschlagsäulen auf öffentlichen Straßen und Plätzen mit einem Pachtzins zu belegen. Daher wurde der Vertrag mit Litfaß' Erben nicht verlängert. Für die 300 ab 1880 neu zu errichtenden Litfaßsäulen konnte die Firma Hauck & Hartmann als Konzessionär gewonnen werden. Auch in anderen Städten nahm die Zahl der Litfaßsäulen in den folgenden Jahrzehnten ständig zu. 1935 schließlich gab es weit mehr als 3000 von ihnen allein in Berlin. Die zunächst sehr kunstvoll und mit diversen Verzierungen versehenen Litfaßsäulen wurden allerdings im Laufe ihrer Entwicklung immer schlichter. Im Zuge der Aufstellung neuer Werbewände und der Nutzung anderer Reklameflächen nahm die Zahl der (später häufig aus Betonfertigteilen erstellten) runden Säulen in den letzten Jahren ab.

Auch für die Modellbahn gibt es viele unterschiedliche zeittypische Litfaßsäulen für fast alle Epochen. Häufig findet man sie in städtischen Ausgestaltungssets, aber auch einzeln kann man sie erwerben, in H0 vor allem für frühere Epochen (*Woytnik*). Für die Spurweiten Z bzw. 1 bieten *Heckl* und *Besig* schöne Modelle an.

Stadtbrunnen und Kunstwerke

Weniger umfangreich ist das derzeitige Angebot an Stadtbrunnen. Obwohl die Vorbildvielfalt äußerst groß ist, wagen sich nur wenige Hersteller an eine Modellumsetzung. Gerade in kleineren Städten mit mittelalterlichem Gepräge sind auch heute noch Stadtbrunnen allgegenwärtig. Eine Vielzahl an pompösen Stadtbrunnen entstand aber auch erst zu wilhelminischer Zeit, hauptsächlich vor Rathäusern und Bahnhöfen. Von ihnen gibt es heute allerdings nur noch eine verschwindend geringe Zahl, während moderne, von berühmten Bildhauern gefertigte Brunnen oder kinetische Wasserspiele desöfteren auch mal an weniger herausragenden Plätzen aufgestellt wurden. Gerade letztere fehlen im Modell nahezu komplett, die wenigen Angebote sind eher für den kleinstädtischen Bereich geeignet und auch da für den H0-Maßstab oftmals etwas klein ausgefallen. Wiederum sind die Freunde kleinerer Baugrößen auf den Selbstbau angewiesen, während es für die Spur 2 wenigstens ein *Pola*-Modell gibt.

Ganz und gar leer gehen die Modellbahner in Bezug auf Denkmäler und moderne Kunstwerke aus. Hier ist die eigene Kreativität und Phantasie gefragt, um zu

Stadtbrunnen gehören zu jeder kleineren Stadt mittelalterlichen Gepräges

Straßenmöbel (Auswahl)

Hersteller	Programm	Epochen	Baugröße
Artitec	Umspannhäuschen mit Schaltkasten	III-V	H0, N
Auhagen	Mobiltoiletten, Recycling-Container	IV-V	H0/TT
	Telefonzelle, Zeitungskiosk	III-IV	H0/TT
	Stadtbrunnen	I-V	H0/TT
	Fußsteig mit Zubehör	III-V	H0/TT
D. Beier	Sitzbänke	III-V	N, Z
	Hydranten	III-V	N
	Wandfeuermelder, Feuermeldesäule	I-IV, II-V	N
Besig	Telefonzelle	III-IV	1
	Briefkasten	III-V	1
	Fahrradständer	III-V, V	1
	Litfaßsäule	III-V	1
	Plakatwand	III	1
	Hydrant	III-V	1
	Strom- und Schaltkasten	IV-V	1
	Zigarettenautomat	III-V	1
Brawa	Telefonzelle Post	I, II, III-V	H0, N
	Telefonzelle, Rufstation Telekom	V	H0
	Ausstattungsset: engl. Uhr u. Telefonzelle	V	H0
	Nostalgische Uhr	I-V	H0
	Reklamesäule mit Uhr	III-IV	H0
	Uhr mit Werbewürfel	IV-V	H0, N
	Notrufsäule	III-V	H0
Busch	Mülltonnen, Abfallsäcke	IV-V	H0
	Radarfalle	IV-V	H0
Faller	Stadtausschmückung	IV-V	H0, N
	Bänke	II-V	H0/TT
	Recycling-Container	IV-V	H0, N
	Mülleimer	IV-V	H0
	Fahrradständer	III-V	H0
Haberl & Partner	Straßenschilder	I-II	H0
	Mülltonnen	IV-V	H0
Heckl	Telefonzelle Post	II, III-IV	Z
	Telefonzelle Telekom	V	Z
	Litfaßsäulen	III, IV-V	Z
Kibri	Ausgestaltungsset „In der Stadt“	IV-V	H0
	Brunnen mit Zubehör	IV-V	H0
	Rathaus-Brunnen	I-V	H0
	Ausgestaltungsset „Wochenmarkt“	IV-V	H0

Straßenmöbel (Auswahl)

Hersteller	Programm	Epochen	Baugröße
Kollosche	Litfaßsäule	I-III	H0
Mähler	DDR-Straßenset	III-IV	H0
Mayerhofer	Straßenschilder, Hausnummern	I-II, III-IV, V	H0, N
MZZ	Müllcontainer, Mülltonne	IV-V	N, Z
Noch	Ausstattungsset „Diverse Zeichen"	III-V	H0, N, Z
	Ausstattungsset „Fußgängerzone"	IV-V	H0
	Telefonzelle Post	IV-V	H0
	Telefonzelle Telekom	V	H0
	Stadtbrunnen	I-V	H0
	Litfaßsäule, Plakattafel	IV	H0
	Recycling-Container	IV-V	H0, N
Pola	Telefonzelle	II-III	2
	Briefkasten	I-II	2
	Fahrradständer	III-V	2
	Brunnen	I-V	2
	Hydranten	III-V	2
Preiser	Mülltonnen, Müllcontainer	IV-V	H0
Saalbach	Kettenpfosten	II-V	1
	Hydranten	III-V	1
	Stromkästen, Feuerlöschkästen	IV-V	1
TL-Decals	Straßennamen (Schiebebilder)	III-V	H0, N
Viessmann	Telefonzelle Telekom	V	H0
Vollmer	Marktplatzausstattung	I-IV	H0
	Bedürfnisanstalt	I-III	H0
	Stadtbrunnen	I-IV	H0
	Fahrradständer	III-IV	H0, N
Weinert	Hydrant	III-V	H0
	Feuermelder	II-III	H0
Woytnik	Telefonzelle	II	H0
	Briefkästen, Postverteilerkasten	II-III, III-IV	H0
	Fahrradständer	II-IV	H0
	Litfaßsäule	II-IV	H0
	Anschlagsäule	I-III	H0
	Straßenbrunnen, Feuerwehrbrunnen	I-V	H0
	Hydrant	II-IV	H0
	Feuermelder	II, III-IV	H0
	Polizeisprechstelle, Polizeimelder	II, III-IV	H0
	Mülltonnen, Abfallbehälter	II, II-III	H0
	Zigarettenautomat	III-IV	H0

interessanten, für die eigene Modellstadt-Geschichte wichtigen Erkennungsobjekten von individuellem Reiz zu gelangen. Hilfreich können aber beispielsweise abgewandelte *Preiser*-Figuren sein, die man dann entsprechend umfärben kann. Auch die Überraschungseiern beigegebenen Figuren eignen sich oftmals gut für unsere Modellzwecke.

Haltestellen des ÖPNV

Schließlich sei noch auf die diversen, für den öffentlichen Nahverkehr so wichtigen Haltestellen eingegangen. Bereits zu Beginn des Straßenbahn- und Buszeitalters kennzeichneten entsprechende Masten mit Hinweisen auf das neuartige öffentliche Verkehrsmittel die Ein- und Aussteige-

In den Zwanziger Jahren herrschte an Haltestellen zu jeder Tageszeit reger Betrieb

Nüchterne Haltestellenschilder und Wartehäuschen prägen die Siebziger Jahre

halte. Viele dieser Haltestellenschilder wiesen Verzierungen auf. Sie wurden nach dem Zweiten Weltkrieg von den allgemein bekannten nüchternen Schildern mit dem grünen „H“ auf gelbem Grund abgelöst. Auch Fahrplanhalter und Abfallkörbe waren oft an den Masten befestigt.

Weitaus auffälliger und charakteristischer waren die in der Anfangszeit des öffentlichen Personennahverkehrs errichteten Wartehallen. Sie dienten vor allem dazu, den auf die Beförderung wartenden Fahrgast vor Wind und Regen zu schützen. Diese oftmals direkt auf die umliegende Architektur Bezug nehmenden Bauten wurden ab den Zwanziger Jahren durch einfachere, typisierte Haltestellenhäuschen abgelöst, die sich im Laufe der Zeit immer mehr zu einfachen Unterstellmöglichkeiten in Blech- bzw. Glasoptik

Haltestellen und Wartehäuschen (Auswahl)

Hersteller	Programm	Epochen	Baugröße
Auhagen	2 Bus-Wartehäuschen	IV-V	H0/TT
Beka	Haltestellenschilder	III-IV	H0
	Wartehäuschen DDR-typisch	III-IV	H0
Brawa	Wartehalle	III-V	H0
Faller	Bus-Wartehäuschen	V	H0
Karsei	Haltestelle	III-V	TT
Noch	Haltestelle	IV	H0
Panier	Haltestellenmast Bus/Straßenbahn	II-III	H0
Pola	Straßenbahn-Haltestelle	III-V	H0
Vollmer	Busbahnhof	III-IV	H0
	Taxistand	IV-V	H0
Woytnik	Straßenbahn-Wartehalle	II-III	H0
	Haltestelle Bus/Straßenbahn	II-III	H0

Mit dem *Auhagen* Zubehör für Fußsteige lässt sich ein Bürgersteig ausgestalten

wandelten. Auch der plakativen Werbung und den einfachen Sitzgelegenheiten wurde bei den neueren Konstruktionen stets Platz eingeräumt. Ganz moderne Unterstände sind ebenso wie weitere zeittypische Straßenmöbel beispielsweise in den verschiedenen Ausgestaltungssets von *Kibri* zu finden.

Größere Busbahnhöfe, beispielsweise vor Hauptbahnhöfen, weisen entsprechend ihrer Frequentierung oftmals großflächige Überdachungen auf.

Auch die anderen, hier nicht genauer vorgestellten Straßenmöbel tragen wesent-

Das Angebot an Laternen ist für nahezu jeden Modellbahnmaßstab vielfältig, oftmals aber auch unübersichtlich, besonders für die Baugröße H0.

Hier hilft in der Regel nur ein umfangreiches Katalogstudium, um sich über die Angebote der Zubehörindustrie genauer zu informieren. Orientierung verschafft aber auch ein Besuch beim Modellbahnhändler, der selten das komplette Sortiment führen kann.

Die bis zur Umstellung von Stadtgas auf Erdgas vorhandenen Gaslaternen wurden dann vermehrt durch elektrisch beleuchtete Laternen, u. a. mit Peitschenmasten oder als Sofittenlampen, abgelöst. Die teils schlichten Formen werden mittlerweile häufig auch in modernen Stadtbildern durch Leuchten nach historischen Vorbildern ergänzt.

Beim Auswechseln einer Laterne ist ein herausnehmbares Gehwegsegment hilfreich

Zum heutigen Stadtbild gehören Recycling-Container und starker Individualverkehr

lich zum gelungenen Eindruck einer Modellstadt bei. Wie in allen anderen Fällen kann man die besten Anregungen zu deren Modellumsetzung aus Fotos entnehmen oder bei einem sonntäglichen Spaziergang durch die Innenstadt einfangen. Man muss nur mit offenen Augen durch die Welt gehen.

Drei

Geregelte Verkehrswelt

Mit der Zunahme des motorisierten Straßenverkehrs auf den innerstädtischen Verkehrswegen nahmen auch die Unfallzahlen deutlich zu. Neue Regelungen für das Nebeneinander der unterschiedlichen Verkehrsträger wurden nötig. Bereits 1909 regelte das „Gesetz über den Verkehr mit Kraftfahrzeugen“ die Verhältnisse erstmals in Paragraphenform. Vier Verkehrszeichen, die auf Bahnübergänge, gefährliche Kreuzungen, Querrinnen und enge Kurven hinwiesen, waren die ersten ihrer Art in Deutschland. Kleine rechteckige Warntafeln mit genaueren Hinweisen auf die Gefahrenstelle ergänzten sie.

Der nach dem Ersten Weltkrieg zunehmende Motorisierungsgrad machte weitere „Verkehrstafeln“ notwendig. Neu waren unter anderem die Geschwindigkeitsbegrenzungen oder die Durchfahrtsverbote. Ebenso wie die Zahl der aufgestellten Verkehrszeichen im Laufe der folgenden Jahre stetig zunahm, stieg auch deren Vielfalt an. Die alten Schilder wurden schnell durch neuere Hinweistafeln abgelöst.

Im Zuge der neuen Reichs-Straßenverkehrsordnung vom 28. Mai 1934 galten ab 1935 neue Verkehrsschilder, die viele der älteren Ausführungen ablösten. Insgesamt wiesen sie eine bessere Systematik und Übersichtlichkeit auf. Im Prinzip sind sie die Vorläufer unserer heute noch gültigen Verkehrszeichen und blieben noch bis in die frühe Epoche III a gültig. In der DDR konnten sie sich zum Teil noch länger halten.

Zeichen beeinflussen das Verhalten aller Verkehrsteilnehmer

Etappenweise wurde das Straßenverkehrszeichensystem weiterentwickelt

Bastelschritte Papier:

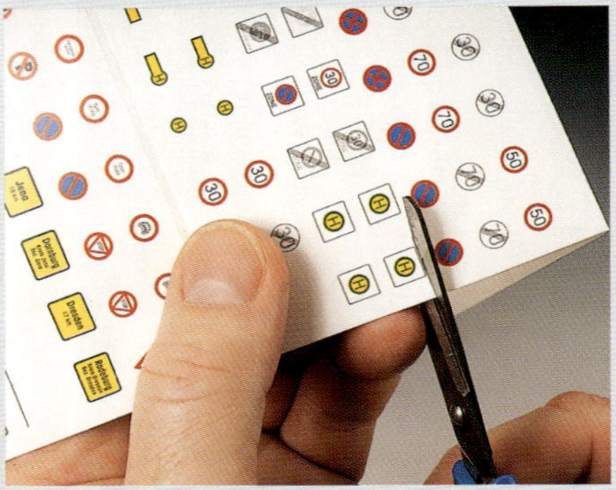

Nach dem Ausschneiden der einzelnen Karton-Schilder von *Auhagen* mit einer Schere können diese auf die zuvor zusammengesetzten Zeichenträger

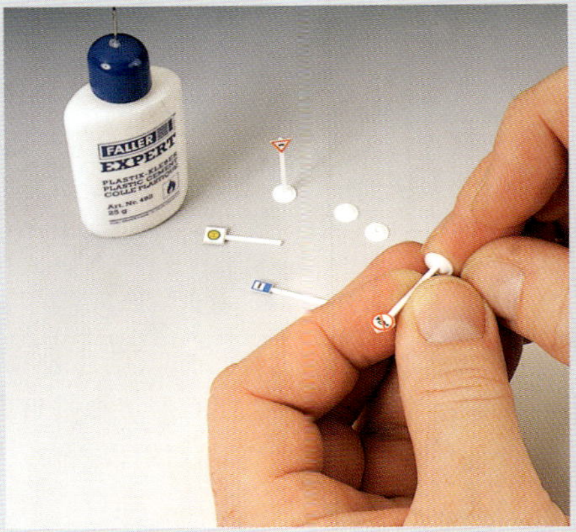

aus Polystyrol mit einem Alleskleber zum Beispiel von *UHU* aufgeklebt werden.

Bastelschritte Aufreiben:

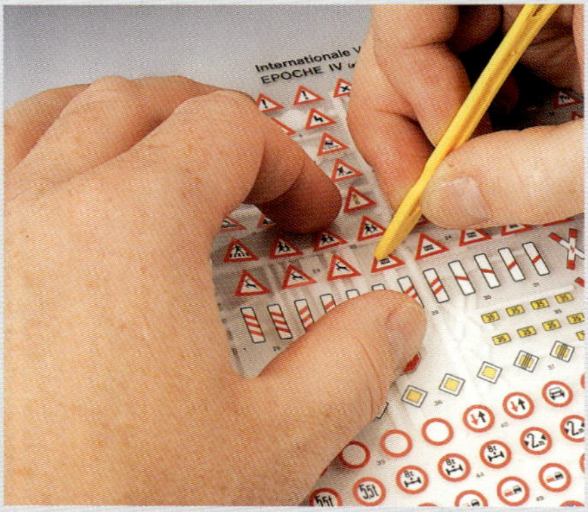

Bevor man die Schilder von *Faller* oder *Heki* aus dem Spritzling heraustrennt, ist es ratsam diese mit den entsprechenden

Abreibesymbolen zu versehen. Dafür sollte unbedingt der beigelegte Abreibegriffel verwendet werden.

Bastelschritte Metall:

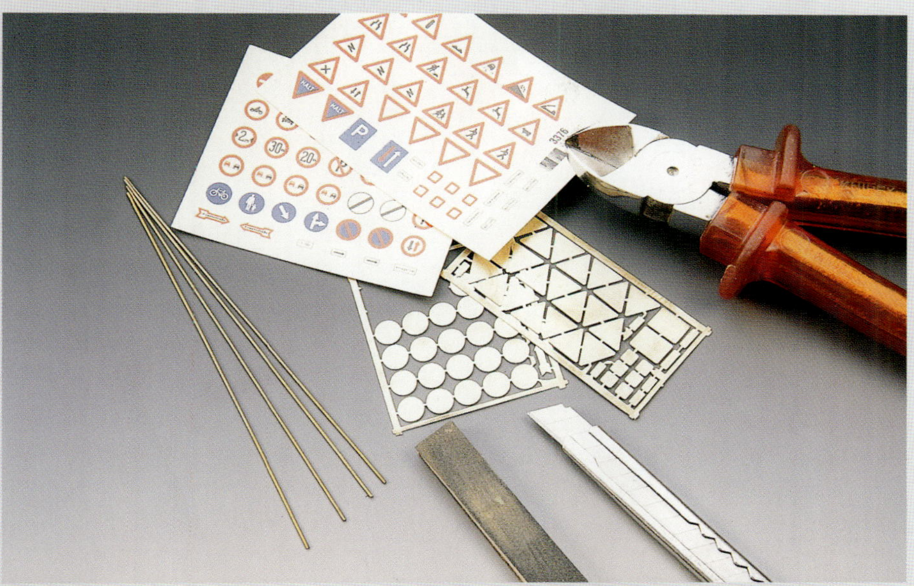

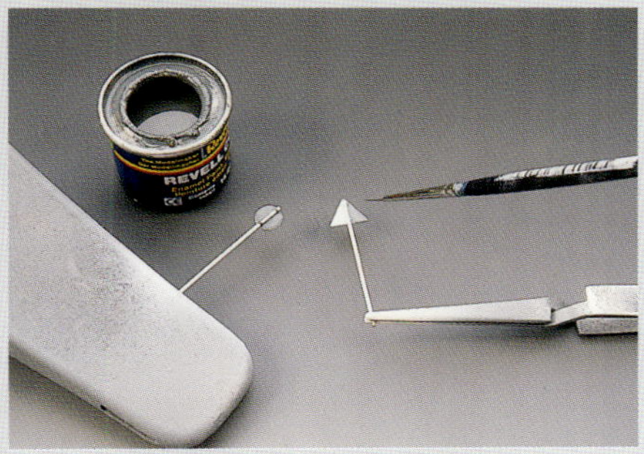

Ganz anders verhält es sich bei den Verkehrsschildern für die Epoche III von *Weinert*. Hier sind zunächst Mast und Schild träger zusammenzulöten, um anschließend mit Spritzpistole oder Pinsel Seidenmatt-weiß lackiert zu werden. Erst danach können die Nassschiebebilder mit den Verkehrszeichen aufgebracht werden.

Das beginnende „Wirtschaftswunder" und die damit verbundene Motorisierung breiter Bevölkerungsschichten machte eine erneute Änderung der StVO nötig, die wiederum einige grundlegend neue Schilder wie beispielsweise Überholverbote sowie Durchfahrverbote beinhaltete.

Erneute Änderungen gab es 1971, zu Beginn der Epoche IV. Auffällig an den damals neu eingeführten Verkehrszeichen ist die fettere Symbol- und Schriftgestaltung der Warnzeichen und Ortseingangsschilder. Das bisherige „Halt! Vorfahrt beachten"-Schild entfiel zugunsten des neuen europaweit gültigen Stoppzeichens. Auch in der DDR gab es ab 1970 neue Verkehrszeichen, die vielfach keine Entsprechungen in der Bundesrepublik hatten, wie beispielsweise das „Achtung, Straßenbahn"-Schild.

In den Achtziger Jahren kamen neue Schilder hinzu, beispielsweise die Hinweise auf 30-km/h-Zonen, Spielstraßen und Wendeverbote. Mit der Wiedervereinigung beider deutscher Staaten kam das Ende der DDR-spezifischen Schilder. Einzig der grüne Pfeil an den Ampeln wurde auch im Westen vereinzelt eingeführt.

Für die epochengerechte Aufstellung der Verkehrszeichen auf der Modellbahn lohnt auf jeden Fall ein Blick auf alte Fotos oder Postkarten, für die heutige Zeit genügt ein wachsames Auge im Straßenverkehr. Die StVO, Fahrschul-Prüfungsbögen und oftmals auch kleine Taschenkalender vermitteln darüber hinaus weitere Informationen über die Aufstellungsorte bzw. die Schildervielfalt.

Für die gängigen Modellbahnmaßstäbe, allen voran natürlich H0, gibt es mittler-

Fahrbahnmarkierungen, Leitplanken, Begrenzungen (Auswahl)

Hersteller	Programm	Epochen	Baugröße
Busch	Straßenmarkierungen (Abreibefolie)	IV-V	H0
	Leitplanken	III-V	H0
Conrad	Straßenmarkierungsschablonen	IV-V	H0, TT, N
Faller	Straßenmarkierungen (Abreibefolie)	IV-V	H0
	Begrenzungspfähle, Leitplanken	III-V	H0
Haberl & Partner	Straßenabsicherung /Poller	I-IV	H0
Halwa	Straßenmarkierungen (Abreibefolie)	IV, V	TT, Z
Heki	Straßenmarkierungen (Abreibefolie)	IV-V	H0
	Straßenlinien (Selbstklebeband)	IV-V	H0
	Leitplanken	III-V	H0
Noch	Begrenzungspfähle, Leitplanken	III-V	H0
Preiser	Begrenzungspfähle, Leitplanken	III-V	H0
	Verkehrsleitblöcke	IV-V	H0

Fahrbahnmarkierungen können an der vorgesehenen Position aufgerieben werden

weile eine Vielzahl an Modell-Verkehrszeichen. Sie werden sowohl als Ausschneidebögen, Aufreibesymbole als auch als Nassschiebebilder in unterschiedlicher Qualität für die entsprechenden Epochen angeboten. Während die Verkehrszeichen der Epoche II nur von zwei Anbietern und nur in H0 produziert werden, ist die Bandbreite für die späteren Epochen in allen Maßstäben außer Z deutlich größer. Ihre Verarbeitung ist in der Regel sehr einfach und innerhalb weniger Minuten zu erledigen.

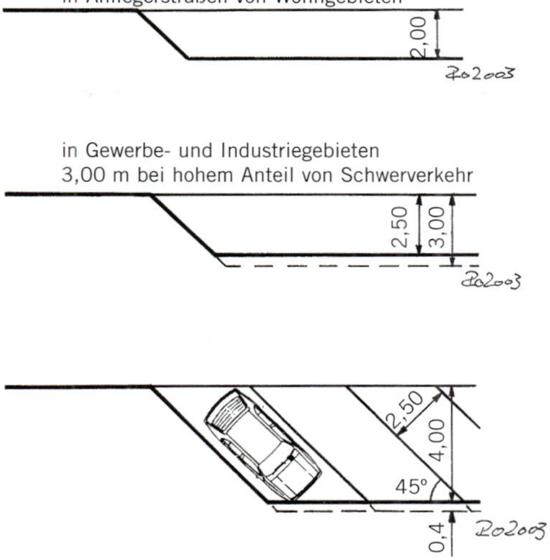

Verschiedene Tiefen für Parkbuchten (alle Vorbildmaße in Metern)

Straßenmarkierungen

Bereits in den Dreißiger Jahren gab es die ersten Markierungen auf deutschen Straßen, die auf Fußgängerüberwege hinwiesen. Ab den Fünfziger Jahren wurden sie ergänzt durch Richtungspfeile, durchgehende Linien, Sperrflächen sowie später auch durch Bushaltepunktmarkierungen.

Typisch für die Epoche V sind die mehrfarbigen „Zone 30"-Hinweise und Fahr-

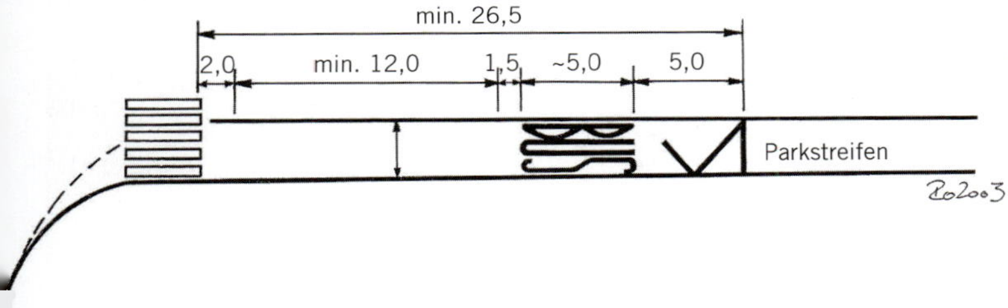

Busbucht hinter einer Straßeneinmündung (alle Vorbildmaße in Metern)

Festinstallierte Kreuzungsposten dienten in der Epoche III häufig als Ampelersatz

Tranportables Podest zur Verkehrsregelung von *Woytnik*

Gut ausgeleuchtete Fußgängerüberwege gehören seit den Sechziger Jahren zum Straßenbild der Städte

bahnmarkierungen, etwa die auf Behindertenparkplätze hinweisenden Zeichen auf Parkstreifen oder die Richtungsangaben bei manchen Hauptverkehrsstraßen.

Ampeln und Fußgängerüberwege

Heutzutage wird auf Kreuzungen der Verkehr nicht mehr wie in alten Zeiten durch Schilder oder Polizisten geregelt. Ampelanlagen haben deren Funktion übernommen. Die neueste Entwicklung geht aber auch von dieser Form der Verkehrslenkung ab und setzt stattdessen wieder verstärkt auf die bereits in den Fünfziger Jahren bereits einmal in Mode gewesenen Kreisverkehre.

Die Fußgängerüberwege, in früheren Jahrzehnten oftmals nur mit Fahrbahnmarkierungen gekennzeichnet, wurden ab den frühen Sechziger Jahren oftmals durch gut ausgeleuchtete Übergänge mit großen blauen Hinweisschildern ergänzt. Stark frequentierte Straßen und Kreuzungsbereiche hingegen erhielten schon damals in der Regel Fußgängerampeln oder gar Fußgängerbrücken, um die Sicherheit der Passanten gegenüber dem motorisierten Straßenverkehr noch besser zu gewährleisten.

Verkehrszeichen und Ampeln (Auswahl)

Hersteller	Programm	Epochen	Baugröße
Auhagen	Verkehrszeichen, auch DDR	IV-V	H0/TT
Busch	Verkehrszeichen; Straßennamen;	III-IV	H0/TT, N, I/II
	Verkehrs- und Fußgängerampeln, auch mit Elektronik	III-V	H0, TT, N
	Fußgängerüberweg; Radarfalle	IV-V	H0
Conrad	Verkehrsampeln, Warnbaken, Sicherungstafeln	III-IV, IV-V	H0
Faller	Verkehrszeichen	II, III-IV, IV-V	H0
	Verkehrszeichen, Wegweiser, Ampeln, Parkuhren	IV-V	H0
Heki	Verkehrszeichen	II, III-IV, IV-V	H0
Marks	Schutzinselbeleuchtung (Verkehrsschildkröte)	III-V	N
Noch	Verkehrszeichen	IV-V	H0, N
Pola	Verkehrszeichen	III-IV	II
Preiser	Verkehrszeichen,Ampeln	IV-V	H0
Railex	Straßen-Schilderbrücken, mit/ohne Ampel	IV-V	N, Z
TL-Decals	Verkehrszeichen, Straßenmeistereischilder	V	H0
Viessmann	Verkehrszeichen	IV-V	H0
Weinert V	erkehrszeichen	III-IV	H0
Woytnik	Podest/Tonne für Verkehrspolizist	II-III	H0
	Verkehrsturm „Potsdamer Platz“	II (und V)	H0
	„Ambi-Verkehrsregler“	II	H0
	Schutzinselbeleuchtung	II-III	H0

Vier
Bewegtes Leben

Fahrzeuge gehören auf jede Modellstraße, doch nicht zu jeder Zeit herrschte gleich viel Verkehr. Hier gilt es für den epochenorientierten Modellbahner einige Grundprinzipien zu beachten, die prägend für das städtische Straßenbild ihrer jeweiligen Zeit waren.

Fuhrwerke und Automobilisierung

Beginnen wir mit den zwei- oder vierrädrigen Straßenfahrzeugen ohne eigenen Antrieb, den Pferdefuhrwerken und Kutschen also. Sie waren jahrhundertelang die einzige Transportmöglichkeit für Güter und Personen auf der Straße. Mit dem Aufkommen der Eisenbahn bekamen sie zwar erhebliche Konkurrenz, besonders auf den Fernverbindungen, doch im innerstädtischen Verkehr blieben sie nahezu unschlagbar. Nun war es aber beileibe nicht so, dass sich jedermann im 19. Jahrhundert eine Kutsche oder ein Fuhrwerk, geschweige denn ein eigenes Pferd leisten konnte. Dieser „Luxus" blieb den Reichen, den Fuhrleuten und Händlern vorbehalten. Das normale Volk ging genau wie unsere *Preiser*lein auf der Modellbahn zu Fuß, denn auch die Fahrt mit den in festen Kursen verkehrenden Postkutschen war nicht billig und der größte Teil von ihnen fuhr über Land. So bevölkerten denn gegen Ende des vorletzten Jahrhunderts vor allem Fuhrwerke mit Pferden oder Ochsen

Automobile in ihrer optischen Vielfalt sind ein Zeugnis der Wirtschaftswunderzeit

Fuhrwerke bevölkerten lange Zeit die städtischen Straßen. Auch heutzutage sind Kutschen, gerade bei besonderen Anlässen, hin und wieder zu beobachten

die städtischen Straßen; Lohnkutscher und Pferdedroschken kamen dem geringen Transportbedürfnis nach. Private Kutschen waren vor allem in den Großstädten zu finden, ihre Zahl nahm um die Jahrhundertwende vom 19. zum 20. Jahrhundert aber deutlich zu. Das Angebot der Industrie ist in Bezug auf Fuhrwerke und Kutschen vielfältig, besonders Preiser bietet einen guten Querschnitt quer durch alle Epochen.

Die bahnbrechende Erfindung des Automobils in der Mitte der 1880er-Jahre hatte zunächst kaum Auswirkungen auf das Straßenbild. Die Zahl der selbstfahrenden „Kutschen ohne Pferde“ blieb in den ersten Jahrzehnten ebenso gering wie ihr Preis hoch. Nur Reiche konnten sich die

Pferdegespanne und Kutschen (Auswahl)

Hersteller	Programm	Epochen	Baugröße
Artitec	Planwagen, Flachwagen, Rübenwagen,Brauereifuhrwerk	I-II	H0
Hapo	Bayerischer Müllwagen (Harritsch)	I-II	H0
Kehi	Möbelwagen, Wasserwagen, Feuerwehrgespann	I-II	TT
	Brauereifuhrwerk	I-III	TT
	Hochzeitskutsche	I-V	TT
Marks	Pferdebus Berlin	I	H0
	Pferdegespann mit Feuerwehrdrehleiter	I-II	H0
MZZ	Planwagen	I-II	Z
Pola	Bierwagen	I-III	2
Preiser	Planwagen, Kohlenwagen, Kastenwagen	I-II	H0, N
	Feuerwehrwagen, Dampfspritze	I	H0
	Speditionsrolle, Jauchewagen	II-III	H0
	Brauereifuhrwerk	II-III	H0, N
	Droschke	I-II	H0, N
	Hochzeitskutsche	II-V	H0, N
s.e.s	Kastenwagen	I-II	H0, 0

automobile Fortbewegung leisten. Gefahren wurde damals übrigens im Regelfall nicht selbst, sondern man ließ sich standesgemäß von einem Chauffeur durch die Straßen steuern.

Erst nach dem Ersten Weltkrieg nahm die Zahl der Automobile langsam zu. Sie verdrängten mehr und mehr die traditionellen Kutschen, die sich allerdings zum Teil noch bis weit in die Zwanziger Jahre hinein behaupten konnten. Auch Lkws sah man nun häufiger, sie gehörten meist Spediteuren, die damit ihre Waren vom Bahnhof zu den Läden und Lagern fuhren. Bereits Mitte der Zwanziger Jahre gehörte das Auto zum normalen Straßenbild größerer Städte dazu, einfachere und billigere Fahrzeuge ermöglichten nunmehr nicht nur den sehr Reichen individuelle Mobilität. Aus den kutschenähnlichen Fahrzeugen der automobilen Frühzeit waren mittlerweile vollwertige offene oder geschlossene Wagen geworden, die nur noch bedingt an ihre Herkunft erinnerten.

Der verlorene Zweite Weltkrieg sorgte für vollkommen neue Verhältnisse auf deutschen Straßen, nur ein relativ geringer Prozentsatz der Vorkriegswagen hatte den Krieg überlebt und musste die ersten Jahre als willkommenes Transportmittel für alle möglichen Dinge herhalten. Das westdeutsche Wirtschaftswunder der Fünfziger und frühen Sechziger Jahre sorgte für einen wahren Ansturm auf die Autohändler. Immer mehr Deutsche konnten sich nun ein Auto leisten. Für viele begann der auto-

In der ehemaligen DDR waren private Automobile die Ausnahme

Auch Modell-LKW können eine Panne haben, da hilft nur noch der Mechaniker

mobile Traum bei einem Rollermobil oder Kleinwagen und führte über den VW Käfer hin zu größeren Autos vom Schlage eines Ford Taunus oder Opel Rekord. Panoramascheiben und Heckflossen kamen in Mode und verschwanden Anfang der Sechziger wieder. Sachlicheres Design trat an ihre Stelle und die individuelle Mobilität nahm stetig zu. Staus wurden bald zu täglichen Begleitern in den Innenstädten.

Pferdefuhrwerke, die man in den ersten Nachkriegsjahren wieder häufiger gesehen hatte, verschwanden aus dem Straßenbild.

Straßenfahrzeuge für Baugrößen H0, TT, N und Z (Auswahl)

Hersteller	Programm	Epochen	Baugröße	
adp	Pkw, Lkw, Busse, auch nach osteuropäischen Vorbildern	II, III, IV	H0	F
Albedo	Lkw	V	H0	F
	Pkw	II,IV,V	N	F
AWM	Pkw, Kleintransporter, Lkw, Busse	IV, V	H0	F
Beka	Lkw, Busse nach DDR- und osteuropäischen Vorbildern	III, IV	H0	F, B
Brekina	Pkw, Kleintransporter, Lkw, Busse	II, III, IV	H0	F
Busch	Pkw, Kleintransporter, Lkw, Busse	II, III, IV, V	H0	F
	Pkw, Kleintransporter	III, IV, V	N	F
Epoche	Kleintransporter, Lkw, Baumaschinen	III, IV	H0	F
euro model	Pkw, Busse, Lkw	II, III, IV	H0	F
	Pkw, Busse, Lkw	III, IV	TT	F
	Pkw, Kleintransporter, Busse	III, IV, V	N	F

Straßenfahrzeuge für Baugrößen H0, TT, N und Z (Auswahl)

Hersteller	Programm	Epochen	Baugröße	
Herpa	Pkw, Kleintransporter, Lkw, Busse, Baumaschinen	III, IV, V	H0	F
		V	N	F
High Tech Modell	Pkw, Lkw	III, IV	H0	B
Kehi	Pkw, Kleintransporter, Lkw, Baumaschinen	II, III, IV	H0	F
	Pkw, Kleintransporter, Lkw, Baumaschinen	III, IV	TT	F
	Pkw, Lkw	II, III, IV	N	F
Kibri	Lkw, Baumaschinen	III, IV, V	H0	B
	Lkw	IV	Z	B
Krüger	Pkw, Kleintransporter, Lkw, Busse, Baumaschinen	II, III, Iv	Z	F
Märklin	Pkw, Lkw	IV	Z	F
Marks	Pkw, Lkw, Baumaschinen	I, II, III	H0	F
	Pkw, Kleintransporter, Lkw, Baumaschinen	I, II, III	N	F
	Pkw, Lkw	II, III	Z	F
MO-Miniatur	Zugmaschine	II, III	H0	F
	Lkw, Baumaschinen	III	1	F
MZZ	Pkw	II	H0	F
	Pkw, Kleintransporter, Lkw, Busse, Baumaschinen	I, Ii, III, IV	N	F
	Pkw, Kleintransporter, Lkw, Busse, Baumaschinen	II, III, IV	Z	F
Noch	Pkw, Kleintransporter, Busse	V	H0	F
	Pkw, Kleintransporter, Busse	V	N	F
	Pkw, Kleintransporter	IV	Z	F
Pola	Kleintransporter	III	2	B
Preiser	Kleintransporter, Lkw, Traktoren	IV	H0	F,B
Rietze	Pkw, Kleintransporter, Lkw, Busse	IV, V	H0	F
	Pkw, Kleintransporter, Busse	IV, V	N	F
	Kleintransporter	III	2	F
Roco	Kleintransporter, Lkw	III, IV, V	H0	F
Roskopf	Pkw, Lkw, Busse – derzeit nicht lieferbar -	II, III, IV	H0	F
Saller	Kleinwagen, Traktoren	II, III	H0	F
Schuco	Pkw, Kleintransporter, Lkw	III, IV, V	H0	F
s.e.s.	Pkw, Kleintransporter, Lkw, Busse, Baumaschinen	III, IV	H0	F
	Lkw	III-IVq	TT	F
Tillig	Pkw, Lkw, Busse – Vertrieb tschechischer Kleinserien –	II, III, IV, V	H0	F,B
Trident	Geländewagen, Kleintransporter nach US-Vorbildern	IV, V	H0	F
Weinert	Lkw, Baumaschinen	II, III	H0	B
Wiking	Pkw, Kleintransporter, Lkw, Busse	II, III, IV, V	H0	F
	Pkw, Kleintransporter, Lkw, Busse	III, IV, V	N	F

Fahrzeuge im Wintereinsatz bringen Abwechselung auf die Modellbahn

Nur noch wenige Rollfuhrunternehmer und Brauereien setzten aus Kostengründen, aber auch aus Traditionsgefühl bis in die Sechziger Jahren solch veraltete Gefährte ein. Die Ablösung kam in Form von Lastkraftwagen, zunächst mit mächtigen Fronthauben, später mit nach vorn verlegten Führerhäusern und unterflur verlegten Motoren. Die früheren „Kapitäne der Landstraße“ übernahmen mit kleineren Lastern in den folgenden Jahren auch mehr und mehr innerstädtische Transportaufgaben.

In der DDR hingegen nahm die Motorisierung zwar auch zu, doch in weitaus geringerem Maße. Die staatlich gelenkte Produktion von Wartburg und Trabant ließ nur eine lange zuvor festgelegte Stückzahl zu. So blieb die Zahl der privaten Pkw in der DDR gemessen am Fahrzeugbestand der Bundesrepublik stets deutlich niedriger und auch die Zahl der Lkw und Busse nahm niemals solche Ausmaße wie in Westdeutschland an.

Auch während der Siebziger und Achtziger Jahre nahm der Motorisierungsgrad der Westdeutschen stetig zu. Der Drang zum Zweitauto wurde prägend. Hiermit einhergehend ist auch der erneute Erfolg der Kleinwagen, mit denen die Hausfrau ihre täglichen Einkäufe in der Stadt erledigen konnte. Sie waren zwar billig, aber nicht mehr so primitiv wie noch dreißig Jahre zuvor; auch ließen sie sich platzsparend in kleine Parklücken manövrieren. Doch designerische Glanzpunkte fand

H0-Modellbahner können sich freuen: Für sie gibt es diverse Nummernschilder zum Nachrüsten für ihre Miniaturmobile, etwa von TL-Decals, Mähler oder Herpa. Nur Busch bietet mittlerweile einige wenige Autos bereits mit werksseitig angebrachten Zulassungsschildern an. Die meisten der in Sets angebotenen Nummernschilder sind Nassschiebebilder, die mit wenig Aufwand, einer Schere, Pinzette und einem kleinen Wasserschälchen schnell ans Miniauto gelangen. Ein späterer Klarlacküberzug sichert die Hafteigenschaften der Nassschiebebilder zusätzlich.

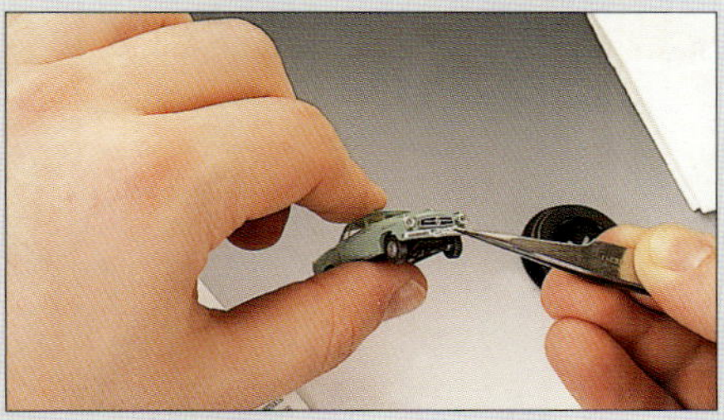

Aufbringen von Nummernschilder

man in jenen Jahren immer seltener: Die automobile Formensprache wurde weltweit uniformer, schlichter und auch langweiliger. Neue Trends waren beispielsweise die Geländewagen und Großraumlimousinen, die in den Achtzigern nach den USA auch Europa eroberten. Erst in den Neunziger Jahren waren formengestalterische Freiheiten und Rückgriffe auf frühere Automobilformen wieder „in". Das Straßenbild wurde zwar wieder interessanter, doch die Zahl der Fahrzeuge auf städtischen Straßen trug zum Verkehrskollaps bei. Dass die Schiene Verkehrsleistungen abgab, führte über die Steigerung von auch innerstädtischen LKW-Transporten zusätzlich zur „Verstopfung" der Straßen.

Zweirädrige Mobilität

Der Wunsch des Menschen nach billigen Fahrzeugen sorgte gegen Ende des 19. Jahrhunderts zur Entwicklung von Fahrrädern. Zunächst wurden sie jedoch ab ca. 1890 als Sportgerät der Reichen genutzt, bevor der Wunsch nach einem „Veloziped" auch bei der Arbeiterschicht lauter wurde. Das zunächst gebräuchliche Hochrad wurde um die Jahrhundertwende durch das Nieder- oder Sicherheitsrad abgelöst. Doch noch blieb das Fahrrad – vorläufig zumindest – zu teuer. Dies änderte sich erst nach dem Ersten Weltkrieg, als die beginnende Massenproduktion deren Herstellung beträchtlich verbilligte.

Die Auswahl an Zweirädern ist so reichhaltig, dass sich mit ihnen die verschiedensten Szenen gestalten lassen

Sowohl die in der Regel schwarz lackierten Fahrräder als auch die aus ihnen abgeleiteten Lastendreiräder konnten sich in den folgenden Jahren durchsetzen und waren bald aus dem Alltagsbild nicht mehr wegzudenken.

Zu ihnen gesellten sich ab etwa 1920 auch vermehrt motorisierte Zweiräder. Doch auch die Motorräder waren zunächst aufgrund ihres hohen Preises nur einem kleineren Personenkreis vorbehalten. Erst in den Dreißiger Jahren wurden sie preiswerter und somit auch für Arbeiter, Angestellte und einfache Beamte erschwinglich.

In der Nachkriegszeit ab 1945 waren die Menschen froh über jeden fahrbaren Untersatz, Fahrräder und Motorräder verhießen ihnen zumindest ein kleines bißchen individuelle Mobilität. Zu den teuren Motorrädern gesellten sich in jenen Jahren vor allem Motorroller, Mopeds und Mofas, später auch Mokicks. Im gleichen Zuge wie die Zahl der Autos zunahm, ging der Bestand der motorisierten Zweiräder zurück. Erst gegen Ende der Siebziger Jahre entdeckten die Deutschen ihre Liebe zum Zweirad wieder: Rennräder, geländegängige BMX-Räder und Hollandräder eroberten die Straßen wieder zurück und auch Motorroller und Motorräder in allen Varianten verzeichneten wieder steigende Verkaufszahlen. Heute sind sie aus dem Straßenbild und von den Radwegen nicht mehr wegzudenken.

Für nahezu jeden epochegerechten Einsatzwunsch finden sich in den H0-Programmen der diversen Anbieter vielfältige Fahrräder mit und ohne Fahrer/-innen. Im

Zweiräder (Auswahl)

Hersteller	Programm	Epochen	Baugröße
Besig	Fahrräder, Tandem	III-V	1
	Motorrad	III-IV	1
Busch	Zweiradset: 6 Fahrräder, 2 Motorroller	III-V	H0
Haberl & Partner	Fahrrad-Dreirad-Set	III-IV	H0
Marks	Motorroller, Motorrad mit Beiwagen	III	H0
MZZ	Motorrad, Motorroller	II-III	N
Noch	Zweiradset: 2 Fahrräder, 2 Motorroller	III-V	H0
pmt	Motorrad	II-III	H0
Preiser	Fahrräder	IV-V	2
	Radfahrer	I-II, III-V	2, H0, TT, N
	Radrennfahrer	IV-V	H0
	Mofafahrer, Mokickfahrer, Motorrollerfahrer	IV-V	H0
	Motorradfahrer Polizei	IV-V	H0
Tillig	Hochrad, Fahrrad	I, III	H0
	Moped, Motorroller	III-IV	H0
	Motorrad	II, II-III, III	H0
	Dreirad	II	H0
Viessmann	Fahrräder	III-V	H0
Weinert	Lastenfahrrad	II-III, II-IV	0, H0, TT, N

Hinblick auf die Motorräder sieht es schlechter aus: derzeit sind nur wenige Modelle verfügbar und Mopeds und Mokicks fehlen nahezu ganz. Düster sieht es leider auch bei den kleineren Maßstäben aus: außer wenigen Fahrrädern für TT und N gibt es derzeit keine Modelle.

Auf Schienen durch die Stadt

Straßenbahnen trugen bis in die Mitte des vorigen Jahrhunderts die Hauptlast des öffentlichen Personennahverkehrs in den Städten. Mit dem verstärkten Aufkommen des Individualverkehrs und dem zunehmenden Investitionsdruck in die Infrastruktur, bestehend aus Gleisen, Oberleitung und Fahrzeugen begann langsam der Rückzug der Straßenbahnen aus dem öffentlichen Leben.

Nach den ersten Pferdestraßenbahnen – die erste Pferdebahn verkehrte 1865 in Berlin– kamen schon in den beiden letzten Jahrzehnten des 19. Jahrhunderts durch die schnell fortschreitende Entwicklung der Elektromotoren elektrische Straßenbahnen in den Großstädten zum Einsatz. Die erste „Elektrische" von Siemens in Berlin-Lichterfelde bezog ihren Strom (Gleichstom) noch über die Fahrschienen, was nicht gerade ungefährlich war und

Straßenbahnen gehören zu den tragenden Säulen des öffentlichen Nahverkehrs

gelegentlich einem Pferd das Leben kostete, wenn es auf beide Schienen trat. Die Problemlösung für die Stromzuführung war die hochliegende Fahrleitung, wobei sich zwei Systeme durchsetzen: das Trolley-System mit Stange und Kontaktrolle (z.B. in Hamburg) und der Schleifbügel.

Waren die ersten Fahrzeuge noch ganz offen oder mit offenen Führerständen und Bühnen versehen, kamen schon bald nur noch vollkommen geschlossene Bahnen zum Einsatz. Bis auf wenige Ausnahmen waren dies zweiachsige Fahrzeuge mit fest im Rahmen gelagerten Achsen. Drehgestell- und Großraumwagen sind dagegen vorrangig eine Entwicklung der Fünfziger und Sechziger Jahre, die sich bis in die heutige Zeit mit ihren mehrgliedrigen Niederflurfahrzeugen fortgesetzt hat.

Auf Modellbahnanlagen führen die Straßenbahnen oftmals ein Schattendasein, obwohl gerade sie einen wichtigen Teilaspekt des öffentlichen Personennahverkehrs darstellen und als wichtiges Mosaiksteinchen für die Belebung der Modellstraßen und -plätze sorgen.

Das Angebot im Bereich Straßenbahn beschränkt sich bei den Modellbahn-Groß-

Straßenbahnwagen der Epochen I bis III verschiedener Hersteller

Gelenktriebwagen von *Lima*, sowie *Herrmann und Partner* für die Epochen IV und V

serienherstellern in H0 und N auf nur einige wenige Fahrzeuge.

Der größere Teil sind zumeist sehr teure Fertigmodelle von Kleinserienherstellern oder anspruchsvolle Bausätze, bei denen man für ein optimales Ergebnis jede Menge Bastelzeit investieren muss. Das für einen Fahrbetrieb so wichtige Angebot an Gleissystemen und Oberleitung, insbesondere der verschiedenen Masttypen ist so gering, dass dem geneigten Modellbahner in vielen Bereichen nur der Selbstbau bleibt. Aufeinander abgestimmte Gleissysteme gibt es zur Zeit nur in begrenztem Umfang von *Hartel* in Spurweite H0 und neuerdings von *Tillig*, dieses dann aber auch für H0m. Vorbildgerechte Rillenschienen für beide Spurweiten erhält man dagegen bei der *Hobby-Ecke Schuhmacher*. Allerdings bedeutet das, dass man jedes Streckenstück und jede Weiche selbst bauen muss.

Fünf

Szenerien – Einblicke ins Stadtleben

Nachdem wir auf unserer Modellbahn nun Straßen errichtet, Straßenmöbel aufgestellt und Straßenfahrzeuge platziert haben, können wir uns nun dem wichtigsten Aspekt des Themas „Leben auf den Straßen“ widmen: der Szenengestaltung.

Menschen im Stadtalltag

Ohne Modellfiguren kann keine Modellbahnanlage auskommen. Sie werden überall „gebraucht“ und sorgen effektvoll für wahre Geschäftigkeit, lassen sich mit ihnen doch bis ins letzte Detail liebevoll ausgestaltete Szenerien und Situationen aus dem tagtäglichen Leben nachgestalten. Die für nahezu jede Epoche äußerst umfangreichen Programme von *Preiser* und *Merten* noch großartig zu erwähnen, hieße „Eulen nach Athen tragen“, hier hilft nur der Blick in die Kataloge, um überhaupt noch den Überblick zu behalten. Zusätzlich bieten *Noch*, *Preiser* und *Vollmer* diverse Figurensets an. Aber auch Kleinserienhersteller wagen sich in den letzten Jahren verstärkt mit Weißmetallbausätzen auf den Markt.

Der Phantasie bei der Szenengestaltung sind kaum Grenzen gesetzt, nur auf die epochengerechte Kleidung seiner Modellfiguren sollte man Wert legen, denn die Kleidung war stets das auffälligste Merkmal des Menschen. Sie unterlag vielen unterschiedlichen Modetrends, die in den

Bis ins kleinste Detail gestaltete Szenen beleben die Modellbahn

Ob große Personenansammlungen oder nur einige Figuren: deren richtige Positionierung macht ein stimmiges Gesamtbild aus

kleineren Maßstäben allerdings nur bedingt nachgebildet werden können. Die großen Maßstäbe bieten hier deutlich mehr Möglichkeiten.

Genauso wichtig wie die Kleidung der Figuren ist auch deren sinnvolle Anordnung in kleinen Gruppen oder auch alleinstehend. Stets sollte man darauf achten, dass die kleinen Männlein und Weiblein auch in realitätsnahen Positionen zueinander angeordnet sind. Die besten Anregungen vermitteln auch hier wieder die Realität und entsprechende Abbildungen. Lassen Sie aber auch Ihrer Phantasie doch mal freien Lauf! Ob gerade Blumen aus

Szenen wie aus dem Leben gegriffen lassen sich mit den entsprechenden Fahrzeugen, Figuren und Zubehör realisieren

dem Lieferwagen ausgeladen, Mülltonnen entleert, Filmaufnahmen gemacht oder zwischenmenschliche Beziehungen gepflegt werden – die Palette der Möglichkeiten erscheint unbegrenzt. Und neben dem Menschen lassen sich auch Tiere prima in Szene setzen. Lustige oder peinliche Szenen beleben die Modellbahn ganz ungemein und lösen auch beim Besucher ganz automatisch Schmunzeln, wenn nicht gar Lachen aus – modellrailroading – just for fun!

Ein Ladengeschäft erlangt seine Identität erst durch ein entsprechendes Schild

Kleine Werbetafeln lassen sich so gut wie überall plazieren

Werbetechnik und Infoschilder

Der Mensch ist stets den verschiedensten Werbeeinflüssen ausgesetzt. Das war in früheren Epochen kaum anders als heute, nur waren die Formen der Reklame unterschiedlich. In der frühen Epoche I genügte oft schon ein einfaches Schild über der Ladentür, um auf das Handwerk des dort Tätigen hinzuweisen. Andere Gewerbe wiesen viel plakativer und größer auf ihre Arbeit und Dienstleistungen hin. Prägnant sind besonders die kunstvoll verzierten Wirtshausschilder.

Die oftmals verschnörkelten Schrifttypen wurden allerdings bald von schlichteren Formen abgelöst. Um die Wende zum 20. Jahrhundert entdeckte man die Hauswände als Werbeflächen. Besonders in den Innenstädten wurden auch die oberen Etagen der Häuser für diverse Werbezwecke herangezogen. Verstärkt wurde nun auch für die Dinge des täglichen Alltags geworben, wie Seifen, Waschmittel oder Glühlampen. Kleinere Plakate wiesen auf Varietevorführungen oder Tanzabende hin. An öffentlichen Plätzen, Bahnhöfen oder Haltestellen gab es nun eine Fülle an Werbung, meist in Form von Emailleschildern, Pappaufstellern, hölzernen Plakatwänden oder großen, auf Brandmauern aufgemal-

Auf Plakatwänden findet Werbung für die Dinge des täglichen Lebens statt

Großformatige Baustellenschilder gehören zu jeder Baustelle.

Hausnummern und Praxisschilder geben einem Haus eine Identität

ten Grafiken. Ab Ende der Zwanziger Jahre experimentiert man in Deutschland mit den ersten Neonreklamen an Hausfassaden. Durchsetzen konnten sie sich damals allerdings noch nicht. Nach der Währungsreform lockten neue Werbebotschaften in die Läden; die Reklamewelt wurde immer bunter. Auffallend ist der Wandel von gemalten Bildern über grafische Reklame hin zu großformatigen Fotos. Neonreklamen tauchen seitdem die nächtlichen Städte in ein buntes Licht.

Dieser Entwicklung fand in der DDR in den Fünfziger und Sechziger Jahren nicht in gleichem Maße statt. Hier ging man sehr viel sparsamer mit der Werbung um als im Westen. Aufgrund der nicht auf Massenkonsum basierenden Planwirtschaft konnte sie auf aufwendige Kaufanreize verzichten. Werbeplakate dienten viel eher den Botschaften der Partei.

Ein anderes, von den meisten eher als Schmiererei empfundenes Mittel, Aufmerksamkeit zu erregen, findet sich seit den Achtziger Jahren an Hauswänden, Haltestellenhäuschen und Fahrzeugen: die Graffitis. Sie können auch im Modell mithilfe der entsprechenden Folien von *Busch* oder *TL-Decals* nachgestaltet werden.

Werbeplakate und Graffiti (Auswahl)

Hersteller	Programm	Epochen	Baugröße
Auhagen	Werbeplakate, Schilder	III-IV	H0/TT
Busch	Werbeplakate	III, IV-V	H0/TT, N
	Reklameleuchten für Hauswände	III-IV	H0
	Graffiti zum Anreiben	IV-V	H0/TT/N
MO-Miniatur	Werbeplakate	II, III	0, H0
	Emailleschilder	II, III	0, H0
Panier	Emailletafeln	II	2-H0, H0-Z
Saalbach	Werbeschilder	II, III	1
TL-Decals	Graffiti	IV-V	H0/TT, N

Mit der Detailausgestaltung einer Modellbahnanlage endet meist die gestalterische Arbeit des Hobbyfreundes. Auch unser Buch schließt an dieser Stelle. Viel hätte noch geschrieben werden können, einige Punkte wurden bewusst weggelassen. Andere Aspekte, die hier nur gestreift werden konnten, wären es sicherlich Wert gewesen, eingehender betrachtet zu werden. Doch wir hoffen, Ihnen auch so schon einen gewissen Einblick in das Thema „Stadtgestaltung auf der Modellbahn" gegeben und Ihre Phantasie in dieser Hinsicht beflügelt zu haben. Nun sind also Sie, lieber Leser, gefragt, Ihre Ideen in die Praxis umzusetzen. Wir wünschen Ihnen dabei allezeit viel Spaß und frohe Stunden mit ihrem Hobby...

Die Autoren

Herstellerverzeichnis

Hersteller	Adresse	Vermerk
adp	Glasewitzer Chaussee 56, D-18273 Güstrow; www.adp-modelle.de	F, D
Albedo	Gottmannsdorfer Weg 11, D-91560 Heilsbronn; www. albedo-modelle.de	F
Auhagen	Hüttengrund 25, D-09496 Marienberg; www.auhagen.de	F
Artitec	Papaverweg 29b, NL-1032 KE Amsterdamm; www.artitec.de	F
ASOA	Postfach 44 01 40, D-80750 München; www.asoa.de	F, D
AWM	Postfach 1120, D-95085 Selb; www.automodelle.com	F
D.Beier	Auf dem Beginenlande 50, D-28277 Bremen; www.beier-modellbahn.de	D
Beka	Bunsenstraße 3, D-01139 Dresden; www.beka-modelle.de	F
Besig	Karl-Hertel-Str. 17, D-90475 Nürnberg; www.besiggmbh.de	D
Brawa	Uferstraße 26-28, D-73630 Remshalden; www.brawa.de	F
Brekina	Carl-Benz-Str. 1, D-79331 Teningen; www.brekina.de	F
Busch	Heidelberger Str. 26, D-68519 Viernheim; www.busch-model.com	F
Casalux	Mainzer Str. 50, D-66121 Saarbrücken; www.casalux.de	D
Epoche	Neckargrün 7, D-68259 Mannheim	F
ER-decor	Lödelstraße 12, D-90459 Nürnberg	D
Euro model	Nürnberger Str. 24A, D-10789 Berlin; www.eu-model.com	F, D
Faller/Pola	Kreuzstraße 9, D-78148 Gütenbach; www.faller.de	F
Fröwis	Wunderwaldstraße 9, D-13383 Berlin	F, D
Haberl&Partner	Ulmer Str. 160a, D-86156 Augsburg; www.modellbahnkeller.de	D
Halwa	Postfach 71 01 47, D-70607 Stuttgart; www.halwa.de	D
Hamann	Postfach 630120, D-60351 Frankfurt/M.	D
Hapo	Bachfeldstraße 4, 86899 Landsberg	D
Heckl Kleinserien	Weserstraße 15, D-44807 Bochum, www.hecklkleinserien.de	D
Heico-Modell	Steinschrotweg 7, D-96450 Coburg; www.heico-modell.de	F
Heki	Am Bahndamm 10, D-76437 Rastatt; www.heki-kittler.de	F
Hermann&Partner	Industriestraße 25, D-01129 Dresden; www.hermannundpartner.de	D
Herpa	Leonrodstraße 46-47, D-90599 Dietenhofen; www.herpa.de	F
High Tech Modell	Im Weidlen 3, D-72459 Albstadt; www.hightechmodell.de	D
Hödl Linie 8	Otto-Wagner-Str. 4, D-82110 Germering; www.hoedl-linie8.de	F, D
Karsei	Volbachstraße 35, D-99800 Hörselgau; www.karsei-modellbahn.de	D
Kato/Lemke	Schallbruch 34 a, D-42781 Haan, www.lemkecollection.de	F
Kehi	Hellerstraße 7/9, D-99817 Eisenach; www.kehi-modellbau.de	F, D
Kibri	Otto-Lilienthal-Str. 40, D-71034 Böblingen; www.kibri.com	F
Kollosche	Gärtnerweg 14, D-12524 Berlin; www.modellbahnwerkstatt.de	D
Lima (Rivarossi)	Via Della Musia 58, I-25135 Brescia	F

Herstellerverzeichnis

Hersteller	Adresse	Vermerk
Mähler	Münsterberger Str. 6, D-90473 Nürnberg	D
Märklin	Holzheimer Str. 8, D-73037 Göppingen; www.maerklin.de	F
Marks	Burgstraße 5, D-95111 Rehau; www.marks-metallmodellclassics.de	F
Mayerhofer	Maybachstraße 11, D-73760 Ostfildern; www.mayerhofer-modellbau.de	F, D
Merten	Am Ruhbach 2, D-91628 Steinsfeld	F
Mo-Miniatur	Gustl-Waldau-Str. 42, D-84030 Ergolding; www.mo-miniatur.de	D
MZZ	Hohenstoffelstraße 19, CH-8200 Schaffhausen	F
Navemo	Postfach, CH-8050 Zürich	D
Noch	Lindauer Str. 49, D-88239 Wangen; www.noch.de	F
Norev	5, rue Coste, F-69300 Caluire; www.norev.fr	F
Panier	Ewige Weide 14, D-22926 Ahrensburg; www.carocar.de	D
Piko	Lutherstraße 30, D-96505 Sonneberg; www.piko.de	F
pmt	Bahnhofstraße 6, D-14974 Thyrow; www.pmt-modelle.de	F,D
Preiser	Postfach 12 33, D-91534 Rothenburg o.d.T.	F
Railex	Falkertstraße 73, D-70176 Stuttgart	D
Rietze	In der Herrnau 1, D-90518 Altdorf; www.rietze.de	F
Roco	Jakob-Auer-Str. 8, A-5033 Salzburg; www.roco.co.at	F
Saalbach	Galgengasse 11, D-91541 Rothenburg o.d.T.	D
Saller	Gürtlerstraße 19, D-87600 Kaufbeuren	D
Schuco	Werkstraße 1, 90765 Fürth; www.schuco.de	F
s.e.s	Breitenbachstraße 11-12, D-13509 Berlin; www.ses-minicars.de	F, D
Spieth	Bärenhofstr. 27, D-70771 Leinfelden-Echterdingen	D
Werkstatt Spörle	Belsenstraße 19, D-40545 Düsseldorf	D
Tillig	Promenade 1, 018555 Sebnitz; www.tillig.com	F
TL-Decals	Drieschweg 40, 53604 Bad Honnef	F
Trident	Wienerbruckstraße 98, A-2346 Maria Enzersdorf	F
Uenver	Alt Niederursel 25 D-60439 Frankfurt/M.	D
Viessmann	Am Bahnhof 1, D-35116 Hatzfeld, www.viessmann-modell.de	F
Vollmer	Poschestraße 25, D-70435 Stuttgart; www.vollmer-kit.com	F
Weinert	Mittelwendung 7, D-28844 Weyhe/Dreye; www.weinert-modellbau.de	F
Wiking	Schlittenbacher Str. 60, D-58511 Lüdenscheid; www.wiking.de	F
Woytnik	Beifußweg 68 A, 12357 Berlin	D

Legende:
F = Fachhandel D = Direktvertrieb

Dirk Rohde, Jahrgang 1960, hat als diplomierter Industrie-Designer den Blick für die gestalterischen Elemente des Alltags. Das Handwerk und den Umgang mit den verschiedenen Modellbaumaterialien verfeinerte er im Laufe der Jahrzehnte. Die Modellbahn begleitete ihn seit frühester Kindheit. Seit Ende der achtziger Jahre gilt seine Vorliebe dem Bau und der Superung von Eisenbahn- und Straßenfahrzeugen. Auch die Umsetzung konkreter Vorbildsituationen fasziniert ihn stets aufs Neue. Seine Erfahrungen gibt er seit Jahren auch in Fachzeitschriften an die Leser weiter.

Oliver Stüber, Jahrgang 1974, machte wie so viele andere schon als kleiner Junge seine ersten Erfahrungen mit der elektrischen Eisenbahn. Sie begleitete ihn auch während seiner Schul- und Studienzeit. Nach seinem Magister-Abschluss als Historiker widmete er sich verstärkt dem Sammeln von Modelleisenbahnen, -autos und -zubehör. Neben dem Interessse für die kleine Bahn spielt für ihn das Vorbildgeschehen sowohl auf der Schiene als auch auf der Straße eine große Rolle. Seit mehr als zwei Jahren arbeitet er nun in einer Modelleisenbahnredaktion.

Ein kostenloses Gesamtverzeichnis erhalten Sie beim
GeraMond Verlag
D-81664 München

www.geramond.de

Lektorat: Lothar Reiserer
Layout: Ruth Kammermeier
Repro: Lanarepro, Lana
Umschlaggestaltung: Kraxenberger
Herstellung: Thomas Fischer

Alle Angaben dieses Werkes wurden vom Autor sorgfältig recherchiert und auf den aktuellen Stand gebracht sowie vom Verlag geprüft. Für die Richtigkeit der Angaben kann jedoch keine Haftung übernommen werden. Für Hinweise und Anregungen sind wir jederzeit dankbar. Bitte richten Sie diese an:
GeraMond Verlag
Produktmanagement
Innsbrucker Ring 15
D-81673 München
e-mail: lektorat@geranova.de

Fotografien: Dirk Rohde, Oliver Strüber und Markus Tiedtke
Zeichnungen: Dirk Rohde

Die Deutsche Bibliothek – CIP-Einheitsaufnahme
Ein Titeldatensatz für diese Publikation ist bei der Deutschen Bibliothek erhältlich.

Printed in Italy by Printer Trento
ISBN 3-7654-7282-4